谨以此书

献给为我国科学事业而
努力奋斗的朋友们

回顾科研一生

——兼谈退休之乐

温景嵩　著

北　京
冶　金　工　业　出　版　社
2013

内 容 简 介

本书回顾了作者的科研一生，总结了作者的创新成果和科研工作的经验；介绍了一个科学的思想方法和学习方法；还讨论了“全球变暖”以及“钱学森之问”等热点问题，提出了改革院士制度的三项建议。

回顾工作的同时，使作者感悟到退休之乐，体会到要获得退休之乐的两条途径。

本书可供为我国科学事业而努力奋斗的人们参考。

图书在版编目(CIP)数据

回顾科研一生：兼谈退休之乐/温景嵩著. —北京：冶金工业出版社，2013. 1

ISBN 978-7-5024-6126-3

Ⅰ. ①回…　Ⅱ. ①温…　Ⅲ. ①科学研究—研究方法—文集　②退休—生活—通俗读物　Ⅳ. ①G312-53　②Z228. 3

中国版本图书馆 CIP 数据核字(2012)第 293971 号

出 版 人　谭学余
地　　址　北京北河沿大街嵩祝院北巷 39 号，邮编 100009
电　　话　(010)64027926　电子信箱　yjcbs@cnmip. com. cn
责任编辑　马志春　姜晓辉　美术编辑　彭子赫　版式设计　孙跃红
责任校对　卿文春　责任印制　张祺鑫
ISBN 978-7-5024-6126-3
冶金工业出版社出版发行；各地新华书店经销；北京百善印刷厂印刷
2013 年 1 月第 1 版，2013 年 1 月第 1 次印刷
850mm × 1168mm　1/32；3. 75 印张；98 千字；109 页
19. 00 元
冶金工业出版社投稿电话：(010)64027932　投稿信箱：tougao@cnmip. com. cn
冶金工业出版社发行部　电话：(010)64044283　传真：(010)64027893
冶金书店　地址：北京东四西大街 46 号(100010)　电话：(010)65289081(兼传真)

目　录

1 楔　子

1.1 引　言

本书回顾了我一生的科研活动，是我一生科研工作的升华。前一部分总结了我退休前在科技舞台上活动时所取得的成果，从而感悟到要想得到一个好的科研成果，就要有一个好的科学的思想方法和好的学习方法；后一部分则总结了我退休后，坐在科技舞台下面的观众席上，观看上面种种演出后所写下的一些评论。这些评论突破了我原来所从事的微大气物理学、气溶胶力学的研究方向，进入了更为广阔的研究领域。特别是当前为人们所关注的热点问题：诸如“全球变暖”、“钱学森之问”等等。讨论的结果还提出了改革我国院士制度的三项建议，供有关部门参考。

回顾并升华我科研的一生，是我退休生活中的一大乐趣。随着回顾工作的进展，我已出版了四部文集，加上这一部，那就是五部文集了。我很高兴，我的退休生活很充实、很有意义，从中感悟到了“退休之乐”。趁着这部文集出版的机会，我想把这个“退休之乐”说一说，可能也是件很有意义的事。是有此书。

1.2 刚退休时候的解脱感

我是2003年9月70岁时退休的。那时，并不知道退休还会有其乐处。另一方面，我也没有一些人（据说常常是一些当官的）所谓的失落感。相反，我那时倒有一种解脱感。

自参加工作以来，我经常处在所学非所用、专业和单位对不上口的状态。原来在北京大学学的是培养天气预报员的课程。但是，毕业了分配到中国科学院大气所后正赶上全国大跃进时期，搞的却是一些直接服务国家建设的工作。如改造西北干旱气候的祁连山融冰化雪，湖南抗旱时的人工降水，为原子弹试验基地服务的烟团扩散实验工作等等。到了后来，中央实行“调整，巩固，充实，提高”八字方针政策时，就转到在大学没有学过的大气物理专业来了。当然要从头学起，那都是些在北大没有学过的课程，如近地面物理、云雾物理、湍流扩散、随机函数和湍流等。到了1971年，刚学出点味道时，又被调到了中国科学院安徽光机所。这是个大转变：不仅专业从大气物理转到工程光学，而且连学部都变了。原来的大气所属于中国科学院地球科学学部，而安徽光机所却属于中国科学院的技术科学学部。在安徽省合肥市工作了十几年，到了1984年，又从那里调到了天津南开大学的理论物理教研室。这又是一个大转变，如果在科学院，则又是一次所属学部的大转变。也就是说从技术科学学部，转到数理科学学部来了。更有甚者，这次转变连单位的性质也都变了，也就是说离开了专搞研究的中国科学院，到了以搞教学为主的大学里来。在这种状态下工作了一辈子，种种的苦恼之处可想而知。所以，当年退休时，虽然有领导动员我可以再申请返聘，我却婉言谢绝了。我说：我不想再返聘。要退就全退，今后我要做个自由人，只做自己喜欢做的事，不再做那些自己不喜欢但又没有办法必须去做的事，也就是说不再听从任何人的安排了。这就是前面本文开头讲到的一种解脱感。

1.3 退休后的选择

退休以后可以选择做的事很多，如做家务、旅游、摄影、做幻灯片、炒股、学书法和绘画、唱歌、打打麻将、打打扑克等。根据我的身体条件和个人的兴趣，我却选择了以休闲方式搞一点写作来自愉。虽说是休闲方式，但几年下来所得结果却也可观。从2003年9月到现在退休刚刚9年还不到10年，就已经出版了四部文集，加上这本书，就有五部文集了。回想在岗工作40多年，也就仅仅出版了

4 本学术专著，其中还有一本是译著。可见现在的出书效率，反而比年轻时还高了。

我很高兴，前半生出了4 本书，老年退休时又出了5 本书。我现在有“雄文”9 卷在手，真可谓不虚此生了。只是在这时我才终于体会到退休之乐。

1.4 “五好”老人颂

关于这一点，有去年写的一首“五好”打油诗为证：

老年生活感悟：五好

温景嵩

（2011 年5 月28 日写于南开园）

钱多钱少，够用就好；
房大房小，能住就好；
有病没病，能动就好；
有事没事，发点光和热就好；
总结起来，知足常乐就是好。

1.5 “四有”老人颂

再有就是今年写成的一篇“四有”短文：

谈老年人的“四有”

温景嵩

（2012年6月9日写于南开园）

友人刘正管先生在看过我老伴朱珍华制作的幻灯片《灵秀石林峡》后，写下了如下两句评语：“老有所乐，乃人生之大乐也!”这两句评语大大地启发了我，现在我把它引申为老年人的“四有”：

一曰老有所养。为此就要做到：饮食平衡，适当运动，适当动脑。

二曰老有所医。老年人常会得病，有病就要及时医治，莫耽误。

三曰老有所为。此“为”不是“年轻有为”的为，那个“为”是拼搏的为。此处的“为”，则是自行愉悦的为。为此，就要做到只做自己喜欢做的事，不受任何外来的干扰和督促。第二就要适可而止，不可过度。一定要以休闲方式来做自己喜欢做的事。

四曰老有所乐。有了上面三条，自然就会有这一条。

总体来说:老年人要做到以上讲的“四有”。这里要再借用刘正管先生的那句话:做一个“四有”老人,乃人生之大乐也!

（2012年7月9~11日写于南开园）

2 事情要从头讲起

2.1 得了一个国家大奖

若问“乐”从何而来，这得从头讲起。但这不是从我退休生活启动时的2003年9月开始的，而是要再向前推3年，即从2000年开始。那一年对我而言有一件大事发生。原来就是在那一年，国家有关部门批准授予我该年度的国家自然科学奖。虽然级别不算高，只授予我三等奖，但这已经算是很不简单的事了。原来在科技工作方面，国家一共设立了三个大奖：国家自然科学奖、国家科技进步奖、国家发明奖。这三大奖的获奖难度都很大，其中就以国家自然科学奖为最，因为它代表了我国有关学科领域中的最高学术成就。这个奖在当时共分四等（这个分类很晚才压缩成两类，只到二等奖为止，而取消了三等和四等奖）。当然，要获得一等奖更是难上加难。就我所知，当时我国的气象界只有中国科学院资深院士、我国当代气象界的第一人、中国气象学会名誉理事长、中国科学院大气物理研究所名誉所长叶笃正老先生得过国家自然科学的一等奖（后来叶老先生还得过更高一级的国家最高科技奖)。其他的人得三等奖四等奖的都很难，更不用说是二等奖了。但是，另一方面毕竟国家自然科学奖代表了我国相关学科领域中的最高学术成就，所以有些人就可以因为得到了这个国家大奖的三等奖，甚至是四等奖，从而就能取得了中国科学院院士的荣誉称号。可见不管是一等奖还是二等奖、三等奖还是四等奖，只要得到了这个类别的国家大奖，对于从事基础科学研究和从事应用基础科学研究的人们而言，那都是件非常荣耀的事。

2.2 两个很高的评价

现在来讲讲我那个国家自然科学奖。我那个获奖成果的总名称是："微尺度大气运动中气溶胶等物理过程的研究"。它是我自从 1962 年起直到 1997 年为止，35 年间所取得的八项成果之总名称。自然这八个成果也就构成了我那项申报的大成果中的八个创新点。我对这八个创新点还很有信心。因为，它们都已经分别在国内外有关领域中产生了很好的影响。其中，有两个创新点在国际上还产生了很重要的影响，在相应的学科领域中，为一些重要的国际名著所多次引用，从而载入两个国际相关学科的发展史册。为此我申报的是：国家自然科学二等奖。对我这个大成果，国家教育部的专家评审组给予了很高的评价。他们说这项成果中的八个创新点是“闪光的八个创新点”；并且说我“历35年的研究工作，有此大成!”（惊叹号是评审组评议原文所用）。因此，他们同意继续给我申报国家自然科学的二等奖。这个申报虽然国家相关部门最后还是批准了，但是却给压了一级，变成三等奖。尽管如此，如前所述这仍然是个非常难得的、很高的荣誉。为此，中国科学院资深院士、我国著名的气象学家、我国天气动力学和天气预报的权威——陶诗言老先生还特地来信向我表示祝贺。他在来信中曾经指出：这次获奖不仅是你个人的光荣，而且也是“我国大气科学界的光荣!”

2.3　到70岁才退休

在正式开讲我的退休故事之前，还有两个小问题要说明一下。

一是我为什么到2003年70岁时才退休。

按照我校（南开大学）的规定，一个正教授原本在63岁时就要退下来。但是，若能拿到一个科研项目，则还可继续延聘三年（延聘和返聘不同，延聘则可以继续享受所有正式职工的待遇；返聘则不成，待遇会有所降低）。很巧，我在那时连续拿到了三次国家自然科学基金的项目。结果就顺利地延聘了三次，一直延聘到2003年我70岁。此时，学校有关部门就通知我：对您的延聘就到此为止了。

因为，按照学校的规定，一个人最多只能延聘三次。再往后，不管你能拿到多少项目，都不再能享受延聘待遇，只有退休了。于是，我就在那一年退了下来。长江后浪推前浪，现在我也被推到我国离退休大军里来了。

二是我会不会孤独的问题。

前面在第一章楔子中曾经讲到，我在退下来时，曾经婉拒了申请返聘之事，从而做了一位完全退休的自由人。也就是说，我从退下来起，就完全脱离了学校的教学与科研生活，离开了学校广大的老师和同学们。此外，鉴于我的身体条件，又不能选择常到外面去旅游，也就是说，从我退休开始到现在，基本上是独处于我自己的家中，有人会说：那不是很闭塞很孤独吗？也许有人会问：你的思想会不会就闭塞起来？你退休后写的5本书，不就是闭门造车，可能受到社会的欢迎吗？

对此，我的答案是：并不！

我并不孤独。我并不是在闭门造车。其原因就在于：有互联网在，有科学网在。我要感谢互联网的发明人，感谢科学网编辑部的朋友们。我还要感谢我的老同学、中国气象局乌鲁木齐沙漠绿洲气象研究所原所长张学文教授。由于有了互联网，我才能通过 E-mail 和朋友们交流思想，现在我的 E-mail 通信簿上有了 200 位左右新老朋友的邮箱地址。这里面有老同学、老同事、更有新同学、新朋友，其中不乏从未谋面的年轻人。我的活动范围比在岗时大大地扩大了。至于科学网，正是经过老同学张学文教授的介绍和帮助联系，才使我和科学网连接起来，并在那里建立了我自己的博客栏目。通过科学网的博客项目，我的活动范围比起以前在岗时更加无可比拟地扩大再扩大了。我可以不断地呼吸到我国科学界的新鲜空气，不断地感受到我国科学界那强劲地跳动着的脉搏，使我的思想能不断地跟上我国科学界向前迈进的步伐。互联网和科学网使我真正能够做到“秀才不出门，可知天下事！”这正是产生我在短短的退休9年中出版5本新书的源泉！我要再次感谢那位互联网的发明人！感谢科学网编辑部的朋友们！并且再次感谢我的老同学张学文教授！最后还要感谢常和我通过E-mail或者通过科学网的博客和我交流思想的新老朋友。没有你们的帮助和沟通，我确实会变成个孤独的人，更不可能在这短短的退休9年之中出版这新的5卷“雄文”！因此，我要再一次地谢谢大家了。

（2012年7月11～13日写于南开园）

3 第一次成功

3.1 很不容易的事

前面第 1 章楔子之中已经讲到，我退休后就准备以休闲方式写点东西。那么，在 2003 年 9 月我 70 岁真的退下来时，开始该写点什么呢？这个问题其实在当时我已经心中有数。事情就在于我的第 2 章中谈到的，2000 年我们得到的国家大奖。就这个大奖而言，我感到我是应该能写出点东西来贡献给世人参考的。

2000 年，当我获悉国家科技部经过了重重审查最后终于批准授予我国家自然科学奖以后，我就赶往北京去拜访中国科学院资深院士、我国当代气象界的第一人——叶笃正老先生，去向他汇报。考虑到叶先生当时已年逾 80 的高龄，我不能耽搁他老先生太多时间，所以只准备向他做个简要汇报。可没想到，当我谈到国家教育部专家评审组对我这八个创新点给予了很高的评价，并称之为："闪光的八个创新点"时，叶先生对此十分感兴趣。他要我逐一地详尽地向他汇报这八个创新点，以弄清楚这八个创新点究竟是怎么闪光法。于是我就向他做起了详尽的汇报。在汇报过程中，叶先生听得很仔细，很认真，他还不时地提出一些问题，要我向他进一步地讲清楚。于是时间过得很快，不知不觉我就同他讲了两个多小时。然后，叶老先生就很高兴地向我讲了以下三句话。首先他对我说："这次获奖，是对你一生工作的很好的总结。"然后他就讲到："一个人一辈子要做成几件事，把它做好，做透，是很不容易的事。"最后，他对我说："你做到了这一点！"叶先生这三句很朴实的话，使我深受感动。确实很不容易，特别是考虑到当年我在北大所学的课程——列宁格勒水文气象学院培养天气预报员的课程。里面上自天文，下到地理，杂七杂八的功课学了很多。可为取得我们后来的获奖成果："微尺度大气运动中气溶胶等物理过程的研究"，其中所需要的物理和数学的基础知识，却学得很少。在这样的背景下，为攀登这座科学高峰，我前后共花去了35年的光阴，真是太不容易了。仔细想来，这里面确实是有些经验，值得把它们总结出来公之于世，传之于后人。于是，把我这次获奖成果的成功经验总结出来，就成为我退休后第一件应该做的事。在这个工作中就诞生了我退休后写成并出版的第一本书：《创新话旧——谈科学研究中的思想方法问题（2005年，北京：气象出版社）》。

3.2 一个正确的思想方法

为了在科学研究中取得突破性的重大成果，需要有相关的、雄厚的基础知识。然而，根据我们这几十年的研究经验，我觉得更为重要的是应该有一个正确的、科学的思想方法。究竟什么是科学研究中正确的、科学的思想方法，我在《创新话旧——谈科学研究中的思想方法问题》那本书中的第一章里，先做了一个总的说明。然后在后面的八章中，又分别从八个创新点具体的诞生过程，来说明这个科学的思想方法所起的重要作用。最后的第十章则是那本书的总结。

在未讲述我这个思想方法之前先要强调一下，我在那本书中讲到的思想方法，并不完全是我自己的独创。应该说，这也是前人的一些经验，然后再加上我自己进一步新的发展，于是才形成了我在那本书中论述的一整套搞科学研究时，行之有效的正确的科学的思想方法。

这些前人的经验，包括了四位老前辈的经验。以下把他们再分别引用一下。在引用的过程中，自然会讲到我的新发展新贡献。

3.2.1 王国维先生说

第一位老前辈是曾经在清华大学研究院工作过的国学

大师王国维先生。在他的名著《人间词话》中，王先生曾讲到以下的一段话："古今成大事业大学问者，必经过三种之境界。'昨夜西风凋碧树，独上高楼，望尽天涯路'，此为第一境也。'衣带渐宽终不悔，为伊消得人憔悴'，此为第二境也。'众里寻她千百度，蓦然回首，那人却在灯火阑珊处'，此为第三境也。"

王国维先生的这个三境界说，显然是他在研究国学过程中的一个经验结晶。我的贡献则是在两方面。第一是把他研究国学的三境界说，推广到研究自然科学上来。于是他原来的第一境界，在这里就成了挑战权威的境界。也就是说要具有怀疑并且批判现有的权威理论境界。他原来的第二境界，在这里就成了探索和追求新理论的境界。他原来的第三境界，在这里就成了发现和顿悟到新理论的境界。我第二方面的贡献则是把他的三境界说发展成现在的四境界论。由于大自然的复杂性和无限性，由于每个人才智的有限性和局限性，所以一般而言，经过上述三个境界所悟到的新理论，并不一定就是真正的真理，只有经过我所提出的第四境界——"西风再凋碧树"，也就是说对你自己经过千辛万苦，日夜追求，"众里寻她千百度"所得到的新理论，必须以同样的怀疑与批判的精神，对之反复"挑刺找错"，把其中必然含有的种种瑕疵和错误都剔除掉，这样你才有可能得到真正的真理。概括地讲起来就是：一个人不但要敢于挑战权威，还要敢于挑战自己。国内有些人常常是与此相反，偶有所得，就大吹大擂，老子天下第一，这种人缺少“西风再凋碧树”反求诸己的精神，十个有十个要跌跤的。已故当代国际流体力学大师、剑桥大学的G. K. Batchelor教授之所以能成为国际公认的学术大师，他所创造的每一项新的理论，之所以都能为后来实验科学家们的实验所证实，就是因为他具有十分强烈的第四境界——挑战自己的精神。他每一项新的理论不可能被别人找出错误，因为在他发表他的新理论之前，他已经把自己的新理论所可能含有的瑕疵和错误，全都给“凋”掉了。这种精神确实值得我们认真学习。否则，我们就无法培养出真正杰出的、为世界公认的大科学家来。

讲到这里还要再做一点补充。中国力学学会原副理事长、北京大学力学系的武际可教授对王国维先生的三境界说有和我不同的解释。不过他同时也向我指出：诗无定解，这里并无对错可言，应该可以容纳不同的解释。既然如此，为了保持我这一整套科学研究中的思想方法之系统性和完整性，我在此处就仍然保持了我原来的解释。

3.2.2 胡适先生说

第二位老前辈则是曾经在北京大学工作过的、学贯中西的国学大师胡适先生。对于如何治学这一重大问题，他曾经讲过一段很经典又很精辟的名言：“大胆假设，小心求证。”显然，这也是他研究国学的一个经验结晶。我的贡献则是从自然科学发展的历史过程证明，胡先生的这段话也适用于自然科学的研究。胡适先生的第二句话：“小心求证”，实际是和我前面讲的第四境界“西风再凋碧树”的精神一致，此处就不再详细讲它了。这里的重点只专注于他的第一句话“大胆假设”。所谓“大胆假设”，实际上就是“大胆创新”，就是我们现在常讲的“敢于创新”。也就是说：要敢于拨开旧理论的迷雾，创造出自己的新天地来。实际上整个自然科学正是遵循着这一思想路线发展起来的。最早是波兰的伟大科学家哥白尼，他拨开了持续一千多年的托勒密地心说的迷雾，大胆地提出了他的日心说新理论，从此自然科学开始走向正轨。当然，哥白尼的日心说不可能毫无瑕疵。他的新理论的核心部分，即日心说正确就很了不起了。而他的新理论的非核心部分，即行星绕日运动的轨道是圆形，太阳位于其中心。却为后来第谷的观测证明有错误，这时就是开普勒来纠正哥白尼的错误了。根据第谷20年来的观测，开普勒拨开了哥白尼圆形轨道的迷雾，大胆地提出了他的椭圆形轨道的新理论，在这个椭圆轨道理论中太阳位于其中的一个焦点。并且进而提出了他的著名的行星运行的三大定律。开普勒的新理论的成功固然也很了不起，但是却仍然留有一个空白点：行星运动的动力来自何方？于是这个空白点就仍然为中世纪的神学钻了空子。在神学的神话中，此动力学的问题是由天使们的翅膀来解决的，这又是一重迷雾。拨开这个迷雾的工作，则是由后来剑桥的大科学家牛顿来完成的。他所创造出新的万有引力定律，彻底粉碎了从旧的神学中引申出来的“天使们的翅膀”，自然科学的发展从此走上了一条康庄大道。

大胆创新，并不只限于提出新的物理模型，或发现新的物理因子。在复杂的现实问题中，从众多的纠缠在一起的各种物理因子中，敏锐地果断地抓住其中一个主要的物理因子并果断地忽略掉其他次要的因子，从而开辟出一个新的领域来，这也是一种大胆创新，甚至还是一种很重要的大胆创新。胶体动力学的开拓者，20 世纪初期的一位杰出的理论物理学家，波兰的 Smoluchowski 正是用这个方法开辟了胶体粒子碰并问题的研究道路。

胶体粒子的碰并问题是胶体科学的一个十分重要的问题，它决定了胶体的稳定度。胶体的稳定度和胶体粒子的碰并率成反比。碰并率越大，胶体的稳定度就越小。胶体粒子碰撞并发生并合成更大粒子的速率越大时，在重力的作用下，大粒子就会很快地从胶体中沉淀下来，胶体无法再长期地维持住，胶体就不稳定了。反之当粒子的碰并率越小，胶体的稳定度就越大。粒子就越难碰并成为大粒子，胶体就有可能长期维持住。当粒子的碰并率为零，胶体的稳定度则变成无穷大，胶体就处于绝对稳定状态。因此，我们可以说胶体粒子的碰并率问题是胶体科学中的一个核心问题。由于这个问题十分复杂，所以对它的研究开展得很晚，只是到了20世纪初才开始有了研究。为使两个粒子能相互碰撞，就必须有粒子间的相对运动，我们先从这个问题讲起。有两种性质不同的类型相对运动，它们分别是：

（1）确定论型的粒子间相对运动。在胶体动力学中，把它称做粒子间的对流运动。处在这种运动中的粒子轨迹，当然是可以计算的。在这个基础上，找到了极限轨迹后就可以把粒子间的碰并率计算出来。更进一步，这种对流运动又可分成两大类。一类是重力对不同大小不同质地的粒子引起的对流运动；另一大类则是由背景非均匀流场引起的粒子间对流运动。在这种背景非均匀流场作用下，即使对于大小相同、质地相同的粒子，也会引起它们之间的对流运动。背景非均匀流场种类又很多，如剪切流场、纯变形流场、轴对称纯变形流场等。由此就可以产生不同类型的对流运动，如剪切对流、轴对称纯变形场对流等。

（2）概率论型的粒子间相对的布朗运动。这种类型的运动和上面讲的重力作用下以及在背景非均匀流场作用下的对流运动性质根本不同。处在这种运动中的粒子间相对运动轨迹，就无法计算，也就不存在所谓的极限轨迹。由它引起的粒子碰并率，就只能通过求解布朗扩散方程来处理。

在胶体动力学中引入了一个无量纲数——Péclet 数，来描述这两大类性质不同的运动对粒子碰并率贡献的相对大小。Péclet 数的定义是确定论型的粒子的对流输送项和概率论型的粒子的布朗扩散输送项之比。当 Péclet 数为 1 时，两者对碰并率的贡献数量级相当。当 Péclet 数小于 1 时，布朗扩散输送项是主要的。反之，当 Péclet 数大于 1 时，粒子的确定论型的对流运动贡献是主要的。一般情况下，Péclet 数取值在 0 和无穷大之间。两种性质不同类型的相对运动耦合在一起，所产生的粒子碰并称做对流运动和布朗扩散的耦合碰并。这种耦合碰并在 20 世纪初还是个无法解决的问题。虽然，它在现实的胶体世界中是一种普遍存在的现象。另一方面，只有当确定论型的对流运动贡献趋于 0 时，在这种极限情况下，Péclet 数才会趋于它的极限值 0，所产生的极限情况下的粒子碰并称做布朗碰并。此外，当概率论型的粒子的布朗输送项趋于它的极限值 0 时，Péclet 数才会趋于它的另一个极限值——无穷大。所产生的极限情况下的粒子间碰并称做对流碰并（包括重力碰并、剪切碰并、轴对称纯变形场碰并等）。这两种极限碰并问题，在 20 世纪初还是有可能解决的。虽然，它并不是在现实世界中的胶体里普遍存在的现象。

胶体粒子的碰并问题的复杂之处还在于粒子之间的各种相互作用。这里面又分两大类。首先是粒子间的流体动力相互作用，这种作用对碰并率起负面作用。第二大类是粒子之间的各种相互作用势。首先是粒子间的 Vander Waals 分子引力势，它是引起粒子碰撞后发生并合过程的最主要的因子。然后是粒子荷电时的各种库仑静电作用势。当荷同号电时，是斥力势，反之则是引力势。后来还发现有所谓的双电荷层，这就更复杂了。所有以上的各种相互作用，在20世纪之初，它们的作用规律还都是未知数。而对于碰并问题而言，这些粒子间相互作用问题又是无法回避的问题。于是，这就构成了一座大山，横亘在人类去理解胶体科学核心问题的面前，看起来似乎是无法逾越了。

然而对于20世纪初的大科学家Smoluchowski而言，这些却只是他施展他大智大勇的一个舞台。正是在这个舞台上，他发挥出他的大胆假设来大胆创新。首先，他置普遍存在的对流和布朗耦合碰并问题于不顾，而令Péclet数只取它的两个极限值0和无穷大，也就是说取代耦合碰并这一核心问题，他只考虑布朗碰并和对流碰并两种极限碰并。虽然，这是两种在现实世界中并不普遍存在的极限碰并情况，却是在当时可以处理的问题。显然，这是他的一种十分大胆的假设。其次，他对于粒子之间的各种相互作用，又做了一个十分大胆的假设：他令所有在刚才讲过的各种粒子间的相互作用为0，却保留一个粒子间的黏着势。他假设这个相互作用势在粒子还没有相碰时是0，而在粒子相碰时是负无穷大的势阱。于是在这个势的作用下，它既可以对粒子间的相对运动没有任何影响，又可以保证粒子在相碰时可以发生并合现象。真是妙极了。于是这位聪明的波兰人Smoluchowski就为人类开辟出一条攻克胶体科学的核心问题的一条康庄大道。顺便讲一下，波兰不是一个大国，也不是一个强国，但是它却为人类贡献出三位伟大的科学家。第一位就是前面讲过的哥白尼，第二位就是居里夫人，第三位就是这里讲的Smoluchowski。不幸他英年早逝，为此爱因斯坦曾写文章来悼念这位伟大的理论物理学家。一个小国，一个弱国，却诞生了这么三位为人类现代科学的发展做出了伟大贡献的科学巨人，确实是值得我们中国这个大国现在又是一个强国，好好地深思和反思啊。

3.2.3 沈力先生说

沈力先生是中国科学院大气物理研究所早期的领导人，是一位从部队转业来的老干部。有一次他对我说："要想在科学研究上取得成就，最主要的是要有正确的方向。"所谓正确的方向，那时一般是指正确的政治方向。所以，那时我并没有听懂他的话。当时，我不懂政治方向为什么会和科研上的成就有这么重要的关系，现在我弄懂了。不过要加以一番新的解释，这就是我对沈力先生这句话的新发展和新贡献。我现在以为，方向问题还要不断地具体化。具体到对一位科研工作者而言，最后就是要落实到正确地选题上来。科学发展到现在，尽管它已经取得了非常辉煌的成就，但是还没有被人类认识到的未知世界，却仍然有如茫茫大海。所以，可供选择的研究课题就非常之多，大大小小举不胜举。于是，在这之中就有个很重要的问题：你究竟按照什么标准来选题。是按照此课题有无重要意义(虽然难度很大)来选呢，还是按照此课题能否快出文章(虽然意义小了些，但是难度要小很多)来选？当然，之所以存在后一种的选题标准，是和当前某些单位在评判一个人的成绩时，不是以他所取得的成果意义大小来评判，而是以他出了多少篇论文为标准。这个标准确实有害于我国科学事业的发展。对此，我想旗帜鲜明地表明我的态度。那就是：我坚决反对以论文的数量，来作为评判一个人或一个机构成绩大小的标准。以论文数量做评判标准，就只能导致我国的科学事业长期地处于落后状态。我认为正确地选题标准只有一个，那就是前面讲的第一种标准：要按照此课题对学科的发展有无重要意义来选题。换句话说：就是要使我国的科研人员敢于抓“大西瓜”，敢于攻坚。我认为只有这样做，才有可能使我国的科学事业面貌一新，最终才有可能解决“钱学森之问”，从而在我们伟大祖国自己的土地上，培养出真正杰出并为世界公认的大科学家来。

3.2.4 Batchelor 教授说

这位老前辈是个外国人，是已故国际公认的当代流体力学大师、剑桥大学的 G. K. Batchelor 教授。他也有一段如何治学的名言，那就是：要把物理思想注入于数学之中。一个自然科学的理论工作者，常常会碰到如何求解他所面临的微分方程的难题。由于数学家并没有为物理学家准备好求解微分方程的灵丹妙药，所以物理学家常常就只好根据自己物理问题的特点，来开辟求解自己的方程之路。Batchelor 教授的这段名言，正是他在理论攻坚时求解微分方程经验的结晶。而我对他的治学经验的发展和贡献，则是把它具体化成三种不同的方式：

（1）引入适当的物理模型，来化解数学上的困难；

（2）引入适当的近似，来化解数学上的困难；

（3）引入适当的变换，来化解数学上的困难。

此问题说来话长，而且比较专业，这里就从略了。

3.2.5 我的一点贡献

最后一位不是老前辈，也不是别人，正是我自己。在从事了大气物理学的理论研究几十年后，我自己也积累了一点经验，借此机会，我想应该把它总结出来献给后人。我自己的研究经验是：一个在自然科学中从事理论攻坚的人要继续学习，并且要善于学习。要有正确的学习态度，也要有正确的学习方法。这是想要在自然科学的理论攻坚中取得成就的一个十分重要的条件。

自然科学的理论工作者面对的是：还没有被人类认识到的犹如茫茫大海的未知世界。他们的任务是：寻找并发现新的大自然的规律，寻找并发现新的大自然的现象。为此，就必须继续学习，而且还要善于学习。

3.2.5.1 继续学习的必要性

第一，为了能跟上他所在学科不断发展的前沿，并有所创新来推动这一学科更好地向前发展，他应当不断地向他的同行们学习。通过向每一期和他有关的学科领域中学术刊物中新发表的文献学习，通过在和各种国内外的学术交流活动中直接向国内外同行们学习，他要积极地努力地从这些同行们的新成果中寻找这些同行们的新经验，或新教训，或是既有新的经验又有新的教训，从而丰富自己的知识和经验，提高自己大胆创新的能力，以取得自己更大的成功和开辟出更加光明的坦荡前途。

第二，他还要在必要时能够果断地并且是成功地来扩大他的基础科学知识。或者在必要时能够果断地并且是成功地来更新自己某一学科的基础知识。一个人在他大学的学习生活中所能学到的基础知识毕竟有限，为了有能力来实现大胆创新，就常常需要在工作中自学一些过去在大学里没有学过的新的某一学科知识。另一方面，某些基础科学知识本身也在不断地更新，新的更加优秀的学术专著或新的更加优秀的某一学科的教程会不断涌现。在这种情况下，为了开展更有创造性的工作，即使你过去在学校中学过这一门课，你也必须更新你自己在这一方面的已有知识，要学习新的学术专著或者更加优秀的这一学科新的教程。唯有如此，才能攀登更加辉煌的科学高峰。

3.2.5.2 继续学习的方法

讲过继续学习的必要性后，现在再来讲继续学习的方法。

因为是在工作中继续学习，所以你不可能像在学校里那样地全面，那样地系统，那样完整地来学习。在一边工作一边学习的时候，在众多的参考文献中，在厚厚的专著或新的教程之中，你必须要学会分清它们的主次，必须要有所取舍。你必须学会从几百篇上千篇参考文献中选取其中某几篇重要的文献，或者从某一厚厚的多达几百页的专著中选取其中的某些重要的段落章节来做重点学习的对象。也就是说对这些重点要精读，而对其他的非重点，只要翻一翻，略读一下即可。

学习要有重点还有一层意思，那就是要适可而止。有时候在学习某一学科新的教程时，又会遇到一些更新的概念、更新颖的技巧，涉及到另外一个你仍然没有学过更新的学科。以此类推，你可能还会不断地遇到更多更新颖的预备知识要学。这样你就会陷入一个没完没了、寸步难行的困境。此时，对于这些带有预备性质的新知识新问题，就要适可而止。一般的情况下，你至多只能向前再多追求一步。再多的问题，就只好把前人已经证明好的结论承认下来就是了。

以下讲精读。精读是一个在继续学习中非常重要的一环。精读得好不好，常常就是你自己在科学研究中能否取得重大的创新成功的一个关键。为此，我们就要多讲几句。

首先，要弄清楚精读的目的。那就是要搞清楚新学问里的一些基本概念，基本方法和技巧。从而能把它们掌握住，变成自己在各种似是而非的迷雾中，识别真伪、明辨是非的一个利器。另一方面，它也可以帮助你在错综复杂的问题中抓住关键，高屋建瓴势如破竹地创造出崭新的成果来。

3.2.5.3 特别要掌握好精读的方法

现在讲精读的方法，共有三条。

一是要多思。尤其是对这门新学问中的基本概念，要多问几个为什么，多问几个是什么。特别是要弄清楚这个概念和以前学过的某些类似的概念究竟有何不同，有何区别和联系。这是十分重要的大问题。搞不清楚这些问题，往往就会使你在引用这些概念时犯大错误，跌大跤。

20世纪60年代初，国内外有些学者考虑了对流暖云内由湍流引起的云内各种物理量的起伏，从而可以把对流暖云内云滴长大的过程当成一个随机长大过程来处理。于是就得到了和以往云滴在均匀环境中均匀长大的旧理论，有根本不同的结论。其中的一位朋友得到的结果特别引人瞩目。他考虑了对流暖云中的湍流加速度起伏场。由于得到国际公认的 Kolmogorov 的湍流理论已经证明在对流云的条件下，湍流加速度起伏场的起伏强度可以非常强，往往能达到百分之百的高强度。在此基础上，他进一步认定，此湍流加速度起伏场中云滴长大随机过程中的相关系数，可假定恒等于1。于是，在这样的条件下他就很容易地证明对流暖云中的云滴可以极快的速度亦即在几千秒内，使足够少（相对于云滴浓度）但是又足够多（相对于雨滴浓度）的云滴长大成雨滴，产生阵雨。这就完全突破了旧理论中云滴生长难以突破的瓶颈，破解了从来还没有被人认识到的暖云降水之谜，在国内有关学术界引起一场轰动。此新理论并被人们命名为“暖云降水起伏理论”，以与著名的、很早以前的由 Bergeron 和 Findeisen 得到，并已被国际相关学术界公认的“冷云降水理论”相对应。应该指出，当时对此新方法随机过程论而言我完全陌生，因为在学校里没有学过。在北大曾经学过前苏联学者格涅坚科著的《概率论教程》，但是只学了其中的概率统计部分，其中的马尔科夫随机过程论就没有学。更不用说，格涅坚科的教材中没有谈过的其他的随机过程了。在云物理界这个新形势的带动下，就促使我必须继续学习，以迎头赶上。在学习中，我除了自学格涅坚科教材中的马尔科夫过程论以外，还自学了前苏联学者普加乔夫著的《随机过程及其在自动控制中的应用》里的随机过程论部分。再有就是潘契夫著的《随机函数和湍流》。当然，我是带着前面讲过的多思的方法来学习这些随机过程理论的。因此，我就很容易并且很快地发现了那位创造“暖云降水起伏理论”的朋友犯了一个大错误，一个概念性的错误。原来那位朋友并没有真的弄懂：随机过程中的相关系数和概率论中两个随机变量之间的相关系数，两者在性质上是根本不同的。后者显然是一个数值，可以做常系数处理，令它恒等于1也未尝不可。但是，随机过程中的相关系数却不是一个简单的数值。实际上，它必然是一个随时间的进程而不断变化的函数。对于非平稳的随机过程而言，此函数必然是一个随两点时间取不同数值而变化的二元函数。就是对于最简单的平稳随机过程而言，它也仍然是一个随时间变化而不断改变的一元函数。也就是说，它必然会随两点之间的时间间隔大小变化而变化。两点时间间隔越大，其相关系数就必然越来越小。当两点时间间隔趋于无穷大时，其相关系数就必然会趋于0。那位朋友所假定的云滴在湍流加速度起伏场中长大的随机过程，其中的相关系数恒等于1（至少是在几千秒生长时间内），显然是犯了概念性的错误，除非对流云中的湍流加速度起伏场的尺度为无穷大，而这是不可能的。于是就轮到我来纠正这位朋友所犯的错误了。我首先提出了相关时间的概念。也就是说两点时间间隔在相关时间内可以保持住很强的相关系数，当时间间隔大于此相关时间时，相关系数就很快地趋于0。于是，就有三种不同的模式可供选择：一是仍然假定相关系数可以为1，不过要加以一个相关时间的限制。超出相关时间以后，相关系数就急剧地降为0；二是假定相关系数为一个指数衰减函数，其衰减的特征时间就是相关时间；三是假定相关系数是一个正态的衰减函数，其衰减的特征时间也是相关时间。后来的数值试验证明，相关时间的大小是决定云滴随机长大快慢的决定性因素，而不同相关系数函数的影响则很小。于是，我们的注意力就集中在云滴在湍流加速度起伏场内的相关时间究竟有多大的问题上。由于 Kolmogorov 的湍流理论同样证明了湍流加速度起伏场是个内尺度起伏场，其尺度很小。在对流云内的数量级只有厘米尺度，所以很容易证明。在这样小的尺度内，云滴随机增长的相关时间很短，其数量级只有千分之一到百分之一秒，比起那位朋友实际上的估计，至少要小了五到六个数量级。结论只能是：湍流加速度起伏场对云滴的随机增长不可能起任何作用。这个结论完全否定了我那位朋友在错误的假定条件下，所得到的错误结果。不过，对流暖云中的湍流起伏场，除湍流加速度起伏场外还有两个：一是过饱和水汽起伏场，二是云中含水量起伏场。这两个起伏场是外尺度起伏场，比内尺度要大很多。可用云泡尺度来估计，它们可以大到百米数量级，比内尺度要大四个数量级。虽然如此，这比起雨滴生长时间几千秒仍然要小一个数量级。所以，不能直接产生雨滴，但却可填平旧理论中的大云滴生长沟，产生足够多的大云滴，它仍然是一个十分可喜的收获。这样，在否定了我那位朋友所说的“暖云降水起伏理论”后，顺理成章，我终于得到了我自己在参加工作后的第一个成果：“对流暖云大云滴随机生长的马尔科夫过程理论”。这个成果公开发表后，由于其在云物理学中的重要性，很快就引起当时的国际云物理学界权威、英国著名云物理学家、英国国家气象局前局长 Mason 爵士的关注，并且还引起了一场风波。在他的影响下，一些英国的云物理学家起而批判我们的新理论。他们认定湍流在对流云中对起伏场只起混合作用，这是一种负面作用，其结果是把起伏均匀化平滑掉，湍流是起伏场的“汇”，而不是起伏场的“源”。这样，他们就完全否定了我们的新理论。然而到了 1977 年，仍然是英国的云物理学家、曼彻斯特大学的 Latham 教授做了一个室内垂直风洞实验。出乎意料，其结果却完全否定了 Mason 等人对我们的批判。他的实验数据证明，对流云中的湍流混合乃是一种非均匀湍流混合，Mason 等人对我们批评的理论基础，所谓的湍流均匀混合论是完全错误的。于是，我们的新理论就在国际上恢复了名誉，重新为人们所承认。这个新理论则两次载入国际云物理学科发展史。第一次是载入由美国著名的云物理学家 Pruppacher 和 Klett 两人在 1978 年合著的《云和降水的微物理》；第二次则是载入仍然由美国著名云物理学家 Cotton 和 Anthes 在 1989 年合著的《风暴和云动力学》，此书在 1993 年由南京大学的叶家东教授等人译成中文由气象出版社出版。在得知自己在 20 世纪 60 年代初所取得的成果，已经在国际云物理学发展史上留下了深深的足迹，我心中感到无比的欣慰。

现在讲精读方法的第二条：勤问。一个人的聪明才智终究有其局限性。所以，当你用多思的方法精读某一篇新的文献，或精读某一部新的学术专著时，就不可避免地会碰到一些你搞不懂的问题。面对这些难题，是把它们忽略过去置之不顾呢？还是放下架子，不怕丢面子，去请教别人，以彻底把它们搞懂。孔夫子说，要不耻下问。很好，但我觉得还不够。我的经验是还要加上“不耻上问”、“不耻中问”、不耻问一切可能会帮助你弄通此问题的人。于是就有了我的精读方法的第二条——勤问。这个习惯我是当初在北大上学时就养成了的。那时在北大，我是学校辅导老师上辅导课时的“常客”，因为我搞不懂的问题很多。而其他的同学却很少去问辅导老师。此外，我也常常去问那些看上去比我更聪明的同班同学，问他们如何理解老师在课堂上讲的那些新学问。这样，我就常有些自卑感，感到我智不如人。但是很奇怪，到了考试的时候，我却总比别的同学考得好。那时在北大上学时，学校实行的是五分制。每次考试结果，我却门门课都能得满分。而那些看上去比我聪明的同学却没有拿到满分。这要完全归功于我那精读的第二条学习方法——勤问。北大老师们在考试时所出的各种试题不可能难住我。因为，经过“多思”和“勤问”（实际上还要加上第三条——勤写，这一点我即将在下面谈到），我已经把课堂上老师讲的学问都吃透了。这个经验，在大学毕业参加工作后，我仍然把它们保持了下来，并且同样从中受益。

写到这里，我觉得还要特别提一下，20 世纪 70 年代末我到了剑桥，师从当时还健在的国际流体力学大师 Batchelor 教授的故事。Batchelor 教授要我跟他学习并开展悬浮体力学的研究。这门学问国际上通常称做胶体动力学。当悬浮粒子悬浮在空气中时，就称做气溶胶力学，可以归入于大气物理学之中。不管它叫什么都好，总之对我而言，它又是一门新学问。悬浮体力学是胶体科学和流体力学交叉的新兴学科。Batchelor 教授问我：关于流体力学你学过什么课程？我回答说：那是在 50 年代我在北大上学时学过前苏联学者库兹涅佐夫为工科学生写的一本教程，而且学得不多，只学了一个学期。他笑了起来，并且明确地告诉我，为了应付在他这里的工作，我这点流体力学基础根本不行。为了跟着他开展悬浮体力学方面的工作，我必须学一下他在 1967 年发表的《流体动力学导论》（他这本流体力学中的名著在国际上影响很大，后来已由中国科学院力学所的沈青和贾复两位教授翻译成中文公开出版）。随后，他就签名赠送我一本他的这部著作。我在剑桥就马上一边工作一边开始学起他这本书来。在学习中当然不免要遇到许多我弄不懂的问题，尤其是其中的张量分析法。Batchelor 教授是运用此方法来分析流体运动的高手。在他这本书中张量分析法就成为他分析问题的基本工具。很遗憾，张量分析法又是一门新学问，我还从来没有学过它。于是，不怕在他这位学术大师面前露怯，按照我的老习惯，我还是硬着头皮去找他请教。Batchelor 教授工作十分繁忙，但是他还是乐于抽出时间来辅导我。有一次他干脆以他书中一个公式为例，叫我坐在他办公室中一张圆桌他的位子旁边，然后他一步一步地详尽地给我演示，他是如何运用笛卡儿张量分析法推导出了这个公式。以这个例子为具体的范例，他最后就又把笛卡儿张量分析方法的一般原理讲给我听。从具体分析到一般原理，他真是讲得十分透彻。在他这样耐心而又有力的帮助下，我终于弄懂了这个在分析流体运动时十分重要的工具——笛卡儿张量分析法。从此，我就能比较顺利地读懂他的书了。Batchelor 教授真是一位循循善诱、善于解惑的好老师啊！

另一方面，Batchelor 教授的书虽然对流体运动的物理实质讲得非常透彻。但是，对当代流体力学发展起来的一整套微扰分析法（包括奇异扰动法和正则扰动法）却讲得不多。于是剑桥的朋友们，又向我推荐了美国著名的流体力学家 Van Dyke 在 1975 年出版的《流体力学中的微扰方法》（这本书后来也由中国科学院力学所李家春院士翻译成中文出版。）有了 Batchelor 教授的书做基础，读起 Van Dyke 的书来就比较容易，最后我终于对流体力学在 20 世纪的重大发展有了一个比较明晰的认识，即认识到流体运动的物理实质，也初步掌握了它在20世纪发展起来的一整套微扰方法。有了这个基础，我就能比较顺利地创造出悬浮粒子碰并的新理论：一是对流碰并的统计理论，二是悬浮粒子的重力和布朗耦合碰并的统计理论。此外，还能协助Batchelor教授创造出多分散悬浮粒子沉降的统计理论。总结以上诸成果后，我出版了一本英文专著《气溶胶动力学基础》。以上这些成果一直到现在还在有关的国内外学术界发挥着重要的影响。特别是我协助Batchelor教授创造出多分散悬浮粒子沉降的统计理论，和他的1972年发表的单分散悬浮粒子沉降的统计理论一起，在胶体科学界已经产生了十分重要的影响。和以前我在云物理取得的成就一样，这些成果也曾两次载入国际胶体科学发展史册。一次是载入由美国的三位著名的胶体科学家Russel，Saville，Shcowalter合著的《胶体分散系统》；另一次是载入了由欧洲著名的胶体科学家Dhont发表的《胶体动力学导论》。对此，我再一次地感到无比的欣慰。一次，日本朋友鸟取大学的大西善元教授对我说：在我们这个领域，Batchelor教授远远地走在我们的前面，而把我们抛在后面。但是我们之中有一个人，却能跟上他的步伐，和他一起并肩前进，那就是你！这是我在20世纪70年代末80年代初，用我精读原著的三条方法，认真地学习了Batchelor教授的书，以及Van Dyke的书后，所得到的一次很好的总结。

现在讲精读方法的第三条——勤写。要想把在“多思”和“勤问”之后理解了的新知识、新概念，真正掌握起来化为自己能够运用自如的知识，就必须有此第三条——“勤写”。所谓“勤写”，就是要记两遍笔记。第一遍笔记，就是要把你选出来的重点文献，重点专著的重点章节逐字逐句地翻译下来，记在笔记本上。我的笔记本每一页都划分出两个区域，靠内侧的三分之二区域，是留给记第一遍笔记使用的，靠外侧的三分之一区域，则是留给记第二遍笔记使用。当你经过“多思”和“勤问”把新知识中的主要概念都透彻地了解了之后，你就必须把这些已经消化了的东西，简要地用自己的语言把它们记在这个外侧区域。我体会，这是十分重要的一环。只有这样记第二遍笔记，才能把新学到的新概念、新知识完全为自己掌握住。否则，它们还会从你自己的脑海中跑掉，那就会前功尽弃，十分可惜了。于是就这样，我这一生就积累了一二十本笔记，它们在我这一辈子成功地创造出众多科研成果，并最终夺得了国家自然科学奖这个基础科学和应用基础科学里的最高奖励，起了不可磨灭的作用。

3.2.5.4 四个敢于，两个善于

现在有必要也有可能把前面讲过的在科学研究中的思想方法，总结成以下两句话，那就是：四个敢于，两个善于。

四个敢于：

一要敢于挑战现有的权威理论；

二要敢于抱“大西瓜”，敢于攻坚；

三要敢于大胆假设，敢于创新；

四要敢于挑战自己最初得到的新理论。

两个善于：

一要善于攻坚：要善于运用三种方式，把物理思想注入到数学中去，化解数学上的困难，创造出自己的新成果；

二要善于学习：要善于从浩如烟海的参考文献，学术专著中找出重点文献，和重点专著中的重点章节。在精读这些重点文字时，还要善于运用三种学习方法把它们所含有的新概念、新知识消化掉，从而能变成自己取得新成果的有力武器，为自己开辟出一条成果累累的光辉前途。

3.3 出版问题

退休后第一本书稿写成以后，下一步的问题就是出版。原来我以为出版是件很容易解决的问题，只要你的书稿没有政治和技术问题，你肯付出所需要的、足够的出版费用，就可以公开出版了。然而，后来的经历告诉我，这并不简单。实际上，我前后找了两家出版社，才解决了这一问题。

3.3.1 你不是爱因斯坦

第一次我碰了个大钉子。原来我有一位朋友在一家出版社工作。他听到我写成了一本书，并了解到书的内容以后，自告奋勇地对我说：可以在他所工作的出版社出版。然而，当他拿到我这本书的两个样章，去向他的领导汇报后，却遭到了那位领导泼下来的一盆冷水。他的领导对他说：这本书实际上是作者的科研回忆录。此领导又说：他们的出版社认为，只有像爱因斯坦那样的大科学家，才有资格写科研回忆录。而此书的作者显然不是爱因斯坦那样的大科学家，所以他没有资格写这样的书。于是原稿退回，人家拒绝接受。我碰到了一个大钉子。

3.3.2 要有两位院士作序才行

书稿被退回后，我并不甘心。“此地不留爷，自有留爷处”，现在出版社很多，不是只有那一家。我于是找到第二家出版社——气象出版社。我那里也有位朋友。他看过书稿后，态度果然和第一家出版社不一样，他说只要你能找到两位院士给你这本书作序，我们就可以给你出书。很好，他这个条件我后来超额完成了。我找了当代我国气象界第一人——叶笃正资深院士，南京大学大气科学系的伍荣生院士。他们两位院士在看过我的书稿后，都答应为我这本书作序。此外，我还找到了一位年轻的朋友——长江学者特聘教授，上海交大理论物理研究所所长马红孺教授来为我这本书作序。作序的一共有三人，都是有突出成就的，而且都是学会理事长一级的专家。叶老先生是中国气象学会名誉理事长，伍荣生院士是那一届中国气象学会的理事长，马红孺教授则是上海物理学会的副理事长。气象出版社的任务现在我超额完成了。退休后我的第一本文集，现在终于可以问世，和广大的读者朋友们见面了。

现在要问：这三位专家究竟在他们各自的序文里说了些什么呢？

3.3.3 叶笃正院士作序

资深院士叶笃正老先生在他的序文里称我是气溶胶方面的著名科学家。并且指出，我在气溶胶力学上建树颇多，特别是在悬浮粒子碰并问题上的工作，突破了 Smoluchowski 的理论。然后他指出，我在这本书中以通俗的语言向大家介绍了气溶胶科学是怎么一回事儿。因此，是这门新兴学科的一本很好的通俗读物。对于我在本书中所总结出来的科学研究中的思想方法，叶老先生特别看重其中的“勤问”这一条。他并且用“三人行，必有我师”这句成语，来进一步论述了“勤问”的重要性。此外，他还非常看重我在这本书中所阐明的理论工作的基本方法。然后，他也用他自己的一个公式：　…事实—理论—事实—理论…　来简洁地概括出这个理论工作中的基本方法、基本规律。最后叶老先生还着重指出，以上这两条，他认为是要想在科学研究中取得像突破 Smoluchowski 理论这样重要的成果，所必经之路。也是我之所以能取得成功的主要经验。为此，他郑重地向青年科学工作者推荐我这本书，以创造出青年们更加成功的光明前程。

3.3.4 伍荣生院士作序

伍荣生院士在他的序文中则称我是他所景仰已久的学长之一。他还指出，我是在非大气物理学术环境中，从事大气物理的研究。在这种逆境中工作，竟能取得多项令人瞩目的科研成果，多次荣获国家级的奖励，实属不易。伍荣生院士进一步指出，我现在从方法论的角度出发，把自己成功的经验总结成书，供世人参考，实是一件大好事。他认为我这本书不仅对年轻一代，就是对和我同时代的人也都有很大的价值。然后，他还肯定了我在书中所总结出来的主要经验。一是四个境界。他用自己的话来重复这四个境界：一是要敢于怀疑现有的科学理论；二是要善于发现此理论中的矛盾；三是要巧于解决问题；四是要勇于纠正自己的缺点和错误。关于我的经验中的两个方法，他也用自己的语言加以肯定：一是要在众多的线索中，善于抓住主要的和本质的东西；二是要善于把物理思想注入于数学之中，善于运用多种近似和变换，来化解数学难点，从而求解。他还着重指出，以上这些方法和经验，对于我们科技工作者而言，确实非常珍贵。在他的序文的末尾，他再一次郑重地向青年们推荐此书。并且，他还强调，在真正领会并掌握住此书所讲的经验和方法后，青年们一定会在科研创新的道路上脱颖而出，大有作为。

3.3.5 长江学者特聘教授马红孺作序

马红孺教授在他的序文中则称我是中国软物质物理理论研究的第一人。真是没有想到，60年前我考进北大物理系时，原来是准备攻读物理——基础学科中处在最重要位置的带头学科。但是到了北大之后，学校第一件事就是动员我们转到设在物理系内的气象专业，说这是祖国的需要，人民的期待。于是我响应了组织上的号召，转到气象专业。气象科学属于地球科学学部，这样我就离开了原来的志愿——物理学，它属于另外一个学部（数理学部）。物理专业和气象专业，两个专业所学课程大不相同，我就越走离物理学科越远。现在，这位理论物理学家马红孺教授竟然认为我又回到物理学里来了，而且还是中国软物质物理理论研究的第一人，真使我有点出乎预料，有点受宠若惊的感觉。这究竟是怎么一回事儿呢？原来马红孺教授自有他的道理。在他的序文中他接着讲到：他是1998年开始从事软物质理论研究的。当时，他感到在国内没有从事这方面研究的人。在阅读关于胶体动力学一系列重要文献时，他注意到 Batchelor 教授的系列文献中有一篇署名是两个人，另一个人是 C. S. Wen。后来，经过他仔细地了解后，才发现此人就是鄙人。随后，他又找到了我的两本著作，才知道我长期从事于胶体理论这方面的研究。按照法国著名物理学家、诺贝尔物理奖得主——德·热纳的观点：胶体是软物质中十分重要的一类（另外两类一是高分子，一是生物膜），至此，马红孺教授才认为，我是中国这方面研究的第一人。啊！胶体动力学原来是一百年前由爱因斯坦、郎之万、Smoluchowski 等几位杰出的理论物理学家开辟出来的。此后，这一理论就在其他领域，特别是化学工程领域有了很大的发展。然后，在 20 世纪下半叶，Batchelor 等人又把流体力学引入了这个领域。机缘凑巧，接着我就在 Batchelor 教授的指引下，大步地跨入了这个新领域。没想到现在，现代理论物理学家又把当年爱因斯坦等人开辟出来的学问接了过去，在和其他几门学问进行交叉后，他们又创造出当代理论物理学的最新前沿——软物质物理学。我也就不知不觉地又回归到当年我考入北大时所想攻读的那个基础学科中的带头学科——物理。而且是一步就跨入到它的最前沿，成为中国这方面研究的第一人。这真是三生有幸啊！

对于我这本书，马红孺教授首先表示：这是一本很特别的书，是一本和他以前读过的书都不一样的、别有特色的书。他接着说我通过这本书，把我几十年来做学问搞研究的经验和体会，结合实际成功的例子，写出了怎样搞研究做学问的方法和境界。因此，是一本对不同的专业，不同的年龄段和不同经历的研究人员都会有帮助的著作。特别是对年轻人。他说他自己的学生也常常会问他，如何做学问，怎样才能做出很好的创新成果。对这样问题，他常无法回答。同时，他也不赞成同学们去从所谓的科学方法论的书籍中找答案。他认为这类书籍或是过分抽象，只是一些没有任何操作意义空洞的说教。或是通过一些已经被歪曲了的成功的例子，建立了一些所谓的理论，从而误导那些没有实际经验的青年研究者。而我这本书，却至少可以部分地回答同学们的问题。因为，它来自我自己亲身的体会，虽然它可能不会很全面很准确，但它是我自己的亲身经历的经验，其价值远大于那些经过精心加工过的资料。其次这些经验只是一个如何思考如何研究的一个指引，而不是结论。因此，只要读者能仔细地读过这本书，再加上自己认真地思考，就一定能悟出一个有效的、做学问的方法，达到一个更高的境界。

在马红孺教授的序文的结尾，他还谈到了爱因斯坦对胶体理论的重要贡献。并进而指出，我这本书对爱因斯坦这方面的贡献作了很好的深入浅出的介绍。他还认为，我这本书也是一本很好的介绍爱因斯坦胶体理论的通俗著作，可供广大读者们参考。

3.3.6 再次致谢

以上就是这三位有突出贡献的专家们，对我这本书所作的序的简要介绍。由于他们的序文，我这本书才得以问世，并由此而生色不少。对此，我要借这个机会再一次地感谢他们。感谢他们对我的支持，感谢他们对我的好评，还要感谢他们对我的帮助。

3.4 赢得了广泛的好评

这本书于2005年出版后，受到读者们广泛的好评。他们纷纷通过E-mail，或通过来信，或来电话，或直接面谈，表示了他们的祝贺。这里面包括我的老同学、老同事和一班亲友以及新朋友。这里面既有科学院的副院长，也有大学的副校长；既有院士、教授、博导，也有一般的研究人员；既有一般的学者，也有从事其他工作和研究工作的无关的人。所有来自以上各方面人员的好评，都证明了一点：我退休以后出版的这第一本书是成功的。现在把朋友们对此书的反映归纳起来，简要地分述如下。

3.4.1 难得的好书

对我这本书比较普遍的反映是：这是一本好书。大家说：“书写得很好”，甚至是“难得的好书”。在美国的一位朋友，用英文写出他对此书的评语：他认为这是一本很“伟大的书（Great book!）”。他们还说，这本书写得很有吸引力，看此书时如见“粒粒珍珠”。“刚翻几页就被吸引住了”，“使读者欲罢不能，很想听下回分解”。一位老同学给我来电祝贺，他在电话里用英语的一个词评价了这本书：“excellent!”。中国科学院合肥分院的朋友们邀请我去给他们的研究生和博士生作报告，讲一讲这本书的主要内容。来听报告的人很多，大概有五六百人，挤满了他们的大报告厅。没想到的是报告受到非常热烈的欢迎。就连中间休息时，都赢得了同学们一片极其热烈的掌声。事后他们反映说：难得听到这样好的报告。

这本书之所以能吸引人，比较普遍的理由是：本书文字流畅优美，通俗活泼，全书布局结构紧凑，环环相扣，各章节标题醒目生动，全然不像一般科技书籍专业术语太多，生涩难懂，使读者感到乏味。科研中的思想方法属方法论，属哲学范畴。但这本书也不是从哲学理论来讲，而是从作者的亲身经历的切身经验和感悟来讲，读来就能使人感到很亲切，容易得到启发，受益匪浅，不会使人感到枯燥无味。

3.4.2 很有用处

这本书之所以受到许多读者的欢迎，更重要的原因是它“很有用处”。有朋友指出，这本书受欢迎的原因在于，思想方法是科研创新中要取得成果的很重要很关键的一个因素。因此，他们说：“对科研中成功的思想方法的总结，有时候比取得某一具体科研成果更为重要！”在一次和一位朋友谈话时谈起了2005世界物理年中出版的两本书：一本是北大赵凯华和秦克诚两位教授专为世界物理年主编出版的《物理学照亮了世界》，第二本就是我这本书。我这本书虽不是专为世界物理年写的，但它刚好在2005年世界物理年出版。马红孺教授在我这本书序言中已经讲到它在世界物理年中的一个意义——从中可以学到爱因斯坦的胶体理论。现在和赵凯华、秦克诚的那本书结合起来，刚好可以比较全面地庆祝和理解世界物理年的重要意义。赵凯华和秦克诚的书是讲物理学如何照亮了世界，我这本书则是讲物理学家是用什么方法来照亮世界。这位朋友还进一步地指出，我这第二本书更为重要，因为用什么方法才能创造出原创性的新成果，是一个更为迫切的关键问题。还有一位朋友也曾谈过类似的看法。他说：这本书好就好在它不仅讲了我这一生所取得的重要科研成果，而且更为重要的是它告诉了读者这些成果是在什么样的思想方法指导下取得的，从而使本书有了更为普遍的意义。例如，一位从事编辑工作多年的朋友指出：这本书对他也有意义，因为掌握了一个科学的思想方法以后，是可以“触类旁通”的。南开大学一位在文科系里工作的青年教授对我说，他在读了这本书后也学到了很多有用的东西。为什么搞大气物理的经验会对搞文科研究也有用呢？关键也就在科学的思想方法是普遍适用的。另一位南开大学的理科教授对我说，这本书的一个不简单的地方就是：它把王国维的国学和自然科学打通了。问题在于思想境界对不同学科来讲本来就是相通的。而思想境界确实是科学研究创新过程中的指导思想里的很重要的一部分。

天津大学力学系的一位青年教授还说过：这本书中讲的有关在流体力学中影响广泛的 Kolmogorov 湍流理论，我这本书对它的介绍和论述，比正规的流体力学文献和教科书讲得还好，既通俗，又透彻，是学生们学习的好教材。

3.4.3 很特别的书

这本书还被认为是一本很特别的书。我的一位老同学认为此书题材特别，很有特色。马红孺教授在其序文中也认为这是一本很特别的书，同他以前读过的书都不相同。我想这可能是由于这本书的性质比较复杂。第一，它是科学方法论；第二，它又是回忆录；第三，它还是科普读物。三合一，三种性质又能比较好地结合起来。因此，在文体上也可算是一种创新吧。

3.4.4 极高的评语

对于本书所强调的做学问应该达到的四个境界，包括对于王国维三境界所做的新的解释，以及我自己所创造出的“西风再凋碧树”的第四境界，也得到了大家的认同。朋友们认为这是非常重要的新发展。一位我中学的老同学甚至认为这个发展是：“前无古人！”一位网友认为我所提出的第四境界："西风再凋碧树"，是"极有创见"的新发展。对于我在此书中所介绍的研究经验，一位网友表示，他很感谢我能把自己的研究经验介绍给大家，和大家分享。并且还表示，他要学习并实践我那精读重点文献时方法的第三条：勤写，亦即要记两遍笔记。更进一步，本书所讲述的几十年来本人从事科学研究的历程，也被大家认为是体现了书中讲的做学问的这四个境界。特别是"衣带渐宽终不悔"的第二境界，"对大家是一个激励和鼓舞"，"令人十分敬佩"。甚至有朋友说：这让他"想起了马克思在资本论中所说的在攀登科学高峰时，要有不畏艰险攀登峰顶的艰苦卓绝的科学精神"，因此对我"佩服得五体投地"，"是青年人学习的榜样"，被誉为是"一代名家"，有"大师风范"，"所取得的成就，功绩辉煌！令人引以为骄傲"，"是我国大气科学界的光荣！"

（2012 年 7 月 22 日至 8 月 7 日写于南开园）

4 在观众席上

4.1 退出了我国的科技舞台

2005年我总结好几十年的研究经验，出版了退休后的第一本书《创新话旧——谈科学研究中的思想方法问题》以后，就彻底地结束了我在职时的研究生活，退出了我国科学技术的舞台。然而，我并没有完全离开它，而是走到它的台下，当上了它的观众。我现在把自己定位为一名观众，坐在它下面的观众席上欣赏舞台上有声有色连台戏的继续演出。这当然是件很惬意的事，所以有很长时间没有再动笔。直到一年以后的2006年年末，才又动笔写了一篇文章。四年以后，才又出了我退休后的第二本书《换一个角度看问题——百家争鸣，一家之言》(2009，冶金工业出版社)。

4.2 休闲式的写作方式

我退休后的写作一直是坚持休闲式的写作原则。所谓休闲方式有两点要领：

一是有问题有看法才写，没问题没看法就歇；二是在写作时不搞拼搏方式，不搞一气呵成；而是有节奏，有间歇，写写停停，停停写写。所以，这第二本书距第一本书出版的时间间隔就长了些。

4.3 在校园里散步时的发现

直到有一天我在校园里散步，走到了学校化学楼后面的报栏前。那里面有我家里没有订阅的各大报纸，如《人民日报》、《光明日报》、《中国青年报》、《文汇报》等。所以，每次经过那里就不免要浏览一下当天国内外发生的主要新闻。而那一天的报纸，恰好有几条新闻使我心动起来。原来这不是一般的新闻，而是有几家大报对我国的科学界提出了三个十分尖锐的问题：

（1）为什么我国出了这么多的学术垃圾？

（2）为什么我国能出数学奥林匹克冠军，却出不来为世界公认的数学大师？

（3）为什么我国到现在出不来一位诺贝尔科学奖得主？

以上这三个问题真是触中了我国科学界的要害，不能不使人们深思起来。后来，我才知道这就是著名的“钱学森之问”的具体化。原来是钱老在去年向温家宝总理提出的一个问题：“为什么我国建国60多年来还培养不出一位真正杰出并为世界公认的大科学家?”现在中央把此问题通过报纸公之于众，以动员我国各界人士一起来讨论，群策群力，共同来解决此大问题。真是太好了。在此形势下，我终于也动起笔来，参加了这次大讨论。

4.4 投入了对“钱学森之问”的大讨论

我本来就对我国科学界管理基础科学和应用基础科学研究的方式有看法，认为在这个领域中我国采用的是行政干预的方式来推动科学事业的发展。经常地要求各个有关单位制定研究计划或规划，然后就要组织落实和检查，年终还要进行总结评比，最后就要选先进披红戴花去开庆功大会。实际上，这一套并不符合基础科学和应用基础科学自身的发展规律，是事倍功半，甚至徒劳无功。基础科学和应用基础科学的任务是：发现新的自然界的发展规律，或发现新的自然界的现象。因此，这必然是不可预知、不可规划的事。在这个领域中，你可以有所发现、有所创新，然而你却无法预知你会在什么时候、什么地方发现什么样的新规律或什么样的新现象。所以，采用这种行政方式来推动科学事业的发展，本身并不科学，应该废止。取而代之应该采用学术的办法来推动科学事业的发展。这就是应该像剑桥大学那样，把基础科研和应用基础科研放到研究型大学里面去开展。在这里工作的老师们首先要承担讲课教学的任务。这个工作是可以规划、可以计划、可以落实、可以检查的硬任务；所有这些硬任务当然是需要由行政来出面组织。另一方面，在这里工作的老师们还必须开展一定的科学研究。然而，这却是个软任务。在这方面，要搞什么样的研究，要在什么时候以什么方式来进行，则完全应由老师们自己做主，行政方面则不必做任何干预。在这个问题上，行政所能做而且也是责无旁贷必须做的事是：组织学术交流活动。具体地讲就是要组织制度化的、高频率、高水平的 Seminar 学术活动。这就是所谓的“用学术的办法来推动学术事业发展”的具体内容。以这种方式来推动科研，才能最有效的检查研究人员的研究工作，扩大研究人员的视野，并进而提高研究人员的研究工作水平。实际上，这就是剑桥大学发展科学研究的主要方式。采用这种方式，这所大学已经从牛顿开始，几百年来培养出一代一代为世界公认的大科学家来。因此，这些经验是很值得我们认真学习的。为此，我写了这方面的第一篇文章：“三个为什么”，成文以后又把此文发给了我的一百多位 E-mail 朋友们。按照反馈回来的意见，我又接着写了第二篇文字：“再谈三个为什么”。看来这些文字已经起了相当好的正面作用，效果还挺不错，所花费的精力还是很值得的。

4.5 逼上梁山，参加了“全球变暖”问题的大讨论

我在科技舞台的观众席上所写的第二批文章，是关于全球变暖问题。本来我对此问题确有自己的看法，但我却一直避免写它。由于我的“西风凋碧树”之习惯，我前已得罪过人，并且还吃过苦头。而这个问题现在已经是我国气象界的主流看法，若批评起这个主流看法来，岂不是要得罪更多的人，吃更大的苦头？所以，我就一直保持沉默。然而，就在我坐在科技舞台的观众席上不久，有一天一位我中学的老同学找到我。这位老同学现在是华北电力大学能源工程方面的退休教授。他要我帮他审一篇他的学生写的文章。他的这位学生，现在也是华北电力大学的能源工程方面的教授。我粗略看了一下，原来这位电力工程方面的年轻教授，却写起全球变暖问题的文章来，而且抱有和气象界主流意见不同的看法。我大吃一惊，这本来正是我一直要避免表态的问题，现在却找到我头上来了。对此，我的第一反应当然就是尽可能地把这个难题推掉。于是，我对这位老同学说：“全球变暖问题，我不懂。你还是另请高明吧！”他说：“但你是学气象的。”我说：“气象科学问题范围很广。我现在搞的是气溶胶动力学问题，这是一个很渺小的世界。比起全球变暖问题，它的空间

尺度要小十几个数量级，它们之间的变化规律有本质上的不同。显然，全球变暖问题就绝不是我这个气溶胶问题工作者所能搞的。因此，你还是高抬贵手放过我，另请高明吧。”然而，这位老同学却继续坚持着。他坚持地对我说：“老同学里只有你是学气象的，你总比我们学工程的人懂行，所以不找你找谁?!”话说到这个份上，我就没有办法了。毕竟是老同学，老同学之间的感情确实非比一般。盛情难却，我只好硬着头皮把这个难题接下来。

仔细看过这位年轻朋友的文章后才发现，原来他对气象界主流看法有不同意见。他认为二氧化碳并不是大气中主要的温室气体，而水汽才是。他的主要观点是：水汽在大气中凝结时释放出来的凝结潜热，才温暖了大气，使之不致变冷。这个观点的前一半是对的。后来，从山东农业大学毕业然后到北京去发展的青年朋友黄伟夫，以及新一代的著名气象学家、北京大学大气科学系的钱维宏教授都发表了类似的意见。但是，华北电力大学的青年教授意见的后一半，讲到水汽温暖大气的原因却不对。实际上，水汽保持大气温暖的原因并不是他所讲的水汽凝结时释放出来的凝结潜热，而是其吸收地球表面释放出来的长波辐射的能力，要远比二氧化碳为强；其在大气中含量的浓度也远比二氧化碳为大。因此，黄伟夫和钱维宏教授才得出共同的正确的结论：水汽才是大气中主要的温室气体，气象界的主流看法，在这个大前提上就错了。

气象界的主流看法并不是我们中国所特有。它的真正的发明者是大名鼎鼎的 IPCC（联合国政府间气候变化委员会）。这是真正的有“权”有“威”的大权威。联合国正是按照这个机构的结论来行事，并要求全世界各国政府都要大力地进行节能减排来抗击全球变暖，他们说只有这样做才能避免他们所谓的，由于全球变暖所引发的世界末日的到来。华北电力大学的这位青年教授的后一半虽然不对，但可以谅解，因为他从事的专业并不是气象学。而他前一半的正确观点却很了不起。这是一个很可宝贵的敢于挑战权威的科学精神。我应该好好地向他学习。在他这种精神的鼓舞下，我终于也拿起笔来，开始评论 IPCC 的错误论断了。

4.5.1 我的基本观点

我的基本观点有两方面，一是关于人和自然的关系。我认为就局地的小气候而言，人是可以改变它们的。例如，北方冬季农民在田地里搭起风障，以改变阳畦里的小气候，使之可以抗击严寒天气，利于农作物的生长。然而对于大范围的气候，不要说是全球气候，也不要说是全国气候，就是仅仅一个地区的气候，例如我国西北地区的干旱气候，人类也是无能为力。因为，它是大自然伟力作用的结果，而我们人类的力量，对比，大自然的力量而言是太渺小了。对此，我有亲身的体验。

另一方面，我还认为气候的冷暖交替，干湿交替，是具有不同周期的周期变化性质，这也是大自然气候变化的最基本特征，又是人类所无法改变，即使是人类进入了工业化时期，已经向大气排放出大量的二氧化碳，对此也仍然是无能为力。例如，众所周知的，人类还没有出现时期的地球上的冰期和间冰期的周期性演变。再例如，从朱珍华在 1957 年分析全国降水近百年来的变化资料，得出了存在 30～40 年周期变化的结论。最后，还有当时最新发表的：由丁一汇院士研究组从全国几百个气象台站，近百年来对我国气温变化的实测数据，分析出的我国平均气温变化曲线。这条曲线充分有力地证明：过去的 100 年，气候确实存在两个周期的冷暖变化，也就是说气候的冷暖变化，平均周期是 50 年。而丁一汇院士小组从二氧化碳变暖理论框架出发，所计算出的气温变化的演变过程，却只得到一个线性增加的结果，得不到实际存在的两个冷暖交替周期性演变进程。这充分地说明，二氧化碳变暖说，不能反映出客观存在的真实的气候变化系统，因而无法令人们接受。根据朱珍华和丁一汇院士所得到的气候变化的周期长度，我们还预告，这次变暖绝不会像 IPCC 所言，要不间断地持续地变暖几百年。恰恰相反，我们的预告是：尽管人类已经进入工业化时代，但是却仍然无法制止冷时期的到来。

为此我们讲了，至多三四十年气候就会再度变冷，从而会进入一个冷周期。

4.5.2 是好事，还是坏事

至于气候变暖是不是坏事，是不是世界末日即将到来。根据那时我们所得到的山东师大李爱贞教授指导的李群同学的硕士论文可以看出：气候变暖是好事，不可能是坏事，只有气候变冷才是坏事，人类应该起而抗击的是气候变冷，而不是气候变暖。这有我国几千年的文明史可以充分证明。IPCC 又在那里说胡话，颠倒黑白，蛊惑人心了。

最后，我还要对节能减排讲两句话。我们也主张节能减排，但和 IPCC 不同。他们是为了抗击所谓的“全球变暖气候危机”，前已证明那只是个虚幻的气候危机。而我们则是为了抗击我国确确实实存在的能源危机。两者之间有天壤之别，不可混淆。

4.6 关于湍流的研究

我在科技舞台的观众席上所写的第三类文章则是关于湍流研究方面的问题。那个时期我常有机会获邀参加一些大学的湍流问题的博士学位论文或硕士论文答辩。由此而感到当前的湍流研究存在有两个问题。一是：感到现在对应用研究强调得有点太过分。连研究型的大学现在也把重点放在了应用研究，而忽视了基础研究，基础研究现在没什么人去搞了。二是感到：具体在湍流问题的研究上更是如此。以至于对湍流在20世纪下半叶国际上两个重大的发现：湍流的相干结构，以及湍流的间歇性，对它们产生的机理就没有什么人进行过研究。特别是湍流的间歇性，人们对它的研究进展，简直可以说是蜻蜓点水。然而在国际学术界，对湍流间歇性的研究却有很重要的新发展，对比之下国内外之间的差距实在是太大了。为此，我才动笔为文，点出了这些问题，以供有关方面研究人员参考，希望在这方面能有所改善。

4.7 关于人工增雨问题

我在科技舞台下面的观众席上所写的第四类文章，则是有关于人工增雨方面的问题。有一天，一位从事云物理和人工影响天气工作的年轻朋友到我家里来访问。在会晤中他谈起了人工增雨中的一些问题。他说：目前有些单位正在制定未来几年人工增雨的规划。他接着告诉我，这些规划的主要内容是：要求未来几年内，要使人工增雨所增加的降水量，达到多少多少亿吨。我听了以后也大吃一惊。因为我认为：要从人工增雨工作里所产生的总降水量中，区分出哪些是自然降水部分，哪些是人工增加部分，首先就必须定量地估算出自然降水部分的降水量有多少，而这是不可能的。因为，它超出了当前气象科学所能达到的水平。当前气象科学对自然降水的降水量的估算只能做到定性地估计，而非定量地算出，这从气象台站每天的天气预报可以看出。他们顶多只能定性地预报未来降水是零星小雨，还是小雨，还是中雨，还是大雨，还是暴雨，最后还可能是大暴雨。我们还从来没有听说过天气预报可以报出未来的降水将要达到多少多少毫米，显然这超出了当前气象科学所能达到的水平。更有甚者，这种预报还是概率论型的预报，而非确定论型的预报。举例而言，当气象台预报未来天气是阴间多云时，虽然他们没有预报会有降雨，但他们肯定还会预报降水的概率，比如说降水概率是20%，甚至可能会报40%。此时，你若实行了人工增雨工作而且果然产生了降水，那么这降水能全部算在你的人工增雨账上么？显然不能。因为，人家还预报了有百分之几十的可能会产生自然降水，而这次所降下来的很可能就是这百分之几十的自然降水。这正是目前人工增雨工作所面临的难处。所以，我认为当前的人工增雨工作只能处在实验性的阶段。在这个阶段中，所要解决的中心问题仍然是人工增雨的效果检验问题。在这个问题没有解决好以前，人们是不可以把它当做生产性工作来搞的。为此，我就又写了这方面的文章，仍然是提供给有关方面参考，并且还是希望事情能有所改善。

4.8 响应了征集一万个科学难题的号召

在这一时期，中国科学院、国家科技部、国家教育部、国家自然科学基金委员会，国家四大部门联合向我国数学、物理、化学三大基础学科领域中的工作人员发出通知，向他们征求一万个科学难题。虽然气象学属于地球科学，也是一个基础科学，但它不是三大基础学科，照理是不应该在征求范围之内。然而，因为我工作的单位是南开大学物理系，所以我也收到了这个通知。既然如此，我就不再谦让，也提交了5个科学难题。明知它们不大会为审查人员所接受，但我还是要碰碰运气。最主要的是：我可以把它收入我自己出的退休后的第二本书中。它们正好形成我在科技舞台的观众席上所写的第五类文字。

4.9 纪念两位大科学家

我这一生之所以还能做出一些成就，其中的一个因素，就是我的运气还不错，曾经碰到过两位好导师。一位是已故我国著名气象学家、中国科学院大气物理研究所的顾震潮先生。2006年刚好是他逝世30周年，我曾写文章纪念这位著名的大科学家。第二位就是当代国际公认的流体力学大师、剑桥大学的 G. K. Batchelor 教授。2009 年恰好是他逝世 9 周年，我又写文章纪念这位国际上久负盛名的大科学家。于是，这两篇纪念文字就形成了我在科技舞台的观众席上所写的第六类文章。

4.10 不能给他们出难题

有了这六类文章，内容已经不算少，于是我就可以考虑出书的问题了。这一次我主动地避开了气象出版社。因为，这本书中的“全球变暖”和“人工增雨”两类文章，批评起了我国气象界的主流观点，他们肯定不会接受，我不能再给他们出难题。于是，我就去求救于我的中学老同学。我的中学同学都是学工程的，与气象界离得很远。所以，很快就和冶金工业出版社接上了头。果然，冶金工业出版社看过我的稿件后，很容易地通过并接受了这本书稿，准备由他们来出这本书。好了，现在是一切就绪，只欠东风了。

这个东风就是请人为此书作序。虽然冶金工业出版社并没有像上次气象出版社那样要求我这样做。但是，由于上一次出版的经历，我的直觉告诉我，还是请人做一下序为好。于是，我就又找了三位朋友来做序。说来奇怪，这第一位朋友我从来没有和他见过面，我们之间只是通过互联网和科学网才认识的好朋友。他就是中国力学学会原副理事长、北京大学力学系的武际可教授；另外两位则是我的北大老同学。一位是中国气象局乌鲁木齐沙漠绿洲气象研究所原所长张学文教授；另一位是北京应用气象研究所研究员、中国科学院大气物理所的兼职研究员和兼职博士生导师许焕斌教授。

没想到这三位朋友都很支持我，在看过我的书稿后，他们不约而同，不仅都为我这本书做了序，而且同时还都为我上次出版的退休后写的第一本书，也一并补做了序。真是太谢谢他们了。

4.11 武际可教授作序

首先交卷的是武际可教授。他的序之特点是：把评书和评人结合起来，先谈书，然后由书及人。他从评上一本书《创新话旧》开始，序中说这是一本使他震撼、超凡脱俗的书。因为此书不像国内某些学者的传记和回忆录。既没有把回忆录写成此人是如何最后晋升成为院士的新型升官图，也没有把此书写成大形势是如何推动了他的发明之类的应景文章。此书只是写了作者是如何追求对自然的各种现象不断深入地理解过程。其中有失败，有磨砺，也有成功后的喜悦。由此武教授说这使他看到一个跃然纸上，追求真知的学者形象，从而使他产生了对我的敬意。接着他就评论起现在这本书——《换一个角度看问题——百家争鸣，一家之言》。他首先提出有两类不同的知识分子。一类是孔夫子所说的“君子述而不作”。就是说，这类知识分子是只会注释圣人的话，而不会自己独立思想的人。另一类，则是国际上所通行的解释。也就是说，知识分子必须是那些能够追求思想自由，能够创造思想，有独立思想，独立人格的人。武教授认为，这后一种人才是真正的知识分子。他接着就肯定地说，由我这本书中的内容，便可看出我就是这类中国真正知识分子的代表。一方面，此书不仅谈了我国学术界的方方面面，针砭时弊，所见极是。另一方面，此书作者也结合自己的专业谈了近来为世人所关注的若干学术问题。对于所论及的问题武教授特别指出：作者的看法都和当前的主流看法有很大的不同。这证明了他在观察这些问题的时候，是独立思考和独具慧眼的，他绝不人云亦云。因此，武教授认为读罢此书，就可以充分领略到作者独立思考和独立人格的魅力。写到这里，我必须要讲两句话：能够被归入于中国真正知识分子一类，我感到十分荣幸。然而，被尊为此类知识分子的代表，却使我感到诚惶诚恐，实在是不敢当了。实际上，我还差得很远，做得还很不够，还需继续努力，才能不负武教授的期望。

4.12 张学文教授作序

接着收到的是老同学张学文教授发来的序。在序中他回忆到：1953年考入北大物理系，后来又转入气象专业的学子中，有志于科学事业的人不少。接着他说：半个世纪就是个筛子。今天看来我温某人显然是其中的一个佼佼者。紧接着，他就分析了此中的原因并进而指出：当年我在北大不仅学习成绩好，而且还具有强烈的探索欲望，形成少年早立志，及早地进入了研究学问的跑道，为未来的前程埋下了伏笔。写到这里，我必须再补充几句：当年在北大学习时，我并没有离开老师的讲课内容去研究别的问题。我那时只是按照我自然而然形成的精读习惯，把老师讲的课当做我精读的对象，使用精读中的多思、勤问、勤写的三种方法来消化老师的讲课内容。由于我想到的自己无法理解的问题比较多，于是求教于辅导老师，求教于别的同学的问题就比较多，这在老同学张教授看起来是在探索问题，是少年早立志，提早进入了研究学问的跑道。其实，这是过奖了。我当时甚至还以为自己比较笨，悟性不如人，总需要别人多方指点，最后才能领会老师在堂上讲的内容呢！当然，这个在北大所形成的学习方法，后来就成为我在工作中学习并精读重点文献时的三种方法，而且从中获益匪浅。在这个意义上讲，老同学张教授所认为的：在北大学习时，我就及早地进入了研究学问的跑道。这个判断也许是对的。张教授接着指出：我大学毕业后在工作中，先后能得到两位站在科学前沿的大科学家指导，这也是我能在研究中取得好成果的重要条件。这一点讲得太正确了。看来我在本书中写出纪念这两位大科学家的文章来，确属完全必要。老同学张教授接着讲起我退休后仍然能积极关注我国的科学事业，热情贡献自己的智慧，并先后写成《创新话旧》和这本书，甚至自费出书，令人敬佩。关于自费出书，我把它看成是：我对我国科学事业的一种投资。这个投资并不要求对我个人有什么回报，只要这些拙著对我国科学事业的发展能够起一点推动作用，我就感到十分值得，十分欣慰了。对于我在本书中所提出的：对我国科学事业的管理政策所提之意见，张教授认为见解深刻；对于我在书中所提的五个科学难题，他认为在某种意义上这比解决问题还更重要；对于我在全球变暖问题上所持的看法，他认为是有别于当前的主流认识，在我国并不多见，因而也是应当特别为大家所倾听的。在这里张教授也表示了他自己对这个问题的看法：他认为当前各地的城市热岛效应比较严重。不排除这类影响而泛论全球变暖，就会夸大问题。在短期、中期、长期天气预报还不那么有把握的情况下，把更长时期的气候的持续变暖，说得那么肯定，他认为这是令人不能放心的，也是不科学的。最后，张教授认为我这本新作，对我国科学事业的健康发展，对气候变化问题的正确对待，对青年学子的成才都有教益，是一本值得认真一读的好书。

4.13 许焕斌教授作序

最后收到的是老同学许焕斌教授发来的序。在序文中他也是从回忆当年1953年秋天，他从南京到北京大学物理系报到开始。他说：那时他看到站在燕园校区办公楼台阶上的一位稳重而又风度翩翩的像似“老师”的人向台阶下的我们喊了一声：“物理系的新生跟我来，……”，就这样，此人带领他进入了大学时代。后来，他才发现此人并不是“老师”而是同窗（实际上就是我，温某人）。他接着说，可是这一幕就奠定了我温某人在他心目中的“大哥”地位，直到现在。这里我还要补充两句：一是由于我在读高中时得了肺结核而休学了两年，所以我无法在1951年考入大学，而是推迟了两年到了1953年才考入北大物理系。这就使我比起当年应届的考生大了两岁，变成许焕斌教授心目中的“大哥”。二是入学当时不知是何原因，物理系的领导把我选中当新同学的总干事（实际上就是临时大班长），任务是协助物理系的领导处理新同学入学后的第一件大事：分专业，要求把一部分新生分到气象专业里来。为此，后来我还放弃了物理专业，主动报名去学气象，班长要带头嘛！其他的大部分同学，都是因为填了服从分配，才被分到气象专业里来。但后来，气象专业和物理专业两边学的课程大不一样，差距越来越大，致使我们这边的同学专业情绪越来越大。这是一个严重教训。后来，物理系就不再这样做，而是把物理专业和气象专业分开来招生。这样，气象专业的新生，考进来时就是考的气象专业，以后就不会再有什么问题了。于是，我们那一代所付出的代价，总算是为后来人开辟了一条大道，也算是一种“贡献”吧。至于序，许教授说当然要写，不过他认为写个读后感才能更好地表达出他的感受。在他的读后感里，他抓住“创新”这个问题作为核心来展开他的体会。他认为创新这个问题十分重要，因为这是中华民族复兴的愿望，也是民族复兴的象征。可是如何才能实现创新？如何才能在迷惘中找到方向？如何才能在彷徨中获得确认？这些问题许教授认为可以从我这两本小书中得到启示。精彩之处许教授就请读者们去读我的《创新话旧》和《换一个角度看问题》两本书。而他的读后感则是把我这些经验综合成四条：一是要有相关的全面知识，这是基础；二是要有见识，这是在掌握知识后的升华过程，不到“炉火纯青，明察秋毫”的地步，是难有“大见”的；三是要有创新的谋划，要能提出可行的方案，来实现“大见”；四要有胆略，要有大志才能成为具有大智大才善于创新的学术带头人。许教授最后说，他希望能多出几位这样的学术带头人。他所领导的团队，不仅能把别人能做的事做得很出色，而且还可以把别人不能做的事也做出成绩来，这才是创新者的风采！

4.14 再次感谢

以上三位朋友为本书和前一本书所作的序，使我这两本小书生色不少，可以说是使它们“蓬荜生辉”了。因此，借着这个再次出书的机会，我要再次向他们致以诚挚的衷心谢意。

4.15 反响热烈

有了这些好朋友们的序以后，不久书就在 2009 年的 7 月，由冶金工业出版社出版了。此书出版后反响热烈，特别是“全球变暖”和“钱学森之问”两大问题，反映尤其突出。并由此而加快了我退休后出书的速度。一年以后，也就是在 2010 年接着仍由冶金工业出版社出版了我退休后的第三本书——《气候变化 2010——评 IPCC 二氧化碳变暖说》；再过一年，仍是由冶金工业出版社，在 2011 年出了我的第四本书——《探索剑桥——试答钱学森之问》。本文在网上公布后，也受到网友们的好评。一位网友指出：我在此文中所展示出的学术思考，恰恰是今日中国所最需要也最难能可贵具有真正意义上的学术思考。还有一位网友在他的评论中指出，武际可教授给出的知识分子的定义很好，也就是说：一个真正的知识分子应该是那些能够追求思想自由，能够创造思想，并且能够独立思考，具有独立人格的人。这位网友接着指出，我温某人的事例，就很具体、很生动地给了这个定义以诠释。这个评论对我的评价是很高的，我实不敢当。只有戒骄戒躁继续努力吧。

最后还要补充一件事：关于我响应中国科学院、国家科技部、国家教育部和国家自然科学基金委员会四大部门的号召（在数学、物理、化学三大基础科学领域征集一万个科学难题），并为此提供了 5 个难题之事。虽然，我这几个难题都属于气象领域，和那三大基础科学无关，因此我对问题入选并不抱有希望。但是出乎我的预料，它们之中竟有一个题目入选。此题目就是："对流暖云中的湍流起伏场究竟如何影响到大云滴的生成?" 2009 年 5 月，它载入由科学出版社出版，由"10000 个科学难题"物理学编委会编辑出版的《10000 个科学难题：物理学卷》之中。真是妙极了！我又再一次地，不知不觉地回到了当年我考入北大物理系的物理学专业之中。这真是三生有幸啊！不过回过头来再仔细地想一下，此问题确切地说，是属于大气物理学范围。大气物理是一门交叉学科，是物理学和气象学的交叉。说它属于物理学也未尝不可。原来几十年的风风雨雨，却使我跨入了一门交叉学科，左右逢源，确确实实是三生有幸啊！

（2012 年 8 月 11 ~ 18 日写于南开园）

5 亮出批判 IPCC 错误论断的旗帜

现在谈我退休后出的第三本书：《气候变化2010——评 IPCC 二氧化碳变暖说》(2010，冶金工业出版社)。这本书比上一本书出版时间大大缩短了。第二本书出版时间距第一本竟然长达 4 年，而这本书距第二本书的出版时间却仅仅时隔一年。其原因是有老天爷在帮忙。老天爷站在我们这些全球变暖的非主流派一边，虽然我们是少数。

5.1 国际上“全球变暖”问题的大辩论

事情是这样的：自头一年夏天我的第二本书：《换一个角度看问题》出版后，对其中全球变暖问题的研究发展得很快，而且争论得很激烈。先是联合国根据 IPCC 的论断，在头一年的年底在丹麦首都哥本哈根召开了“节能减排抗击变暖”的全球峰会，以向全世界部署并推行 IPCC

的这一套。然而很不幸，大会之后，老天爷立刻就给联合国来了个下马威。它不但没有按照 IPCC 的论断持续不断地变暖下去，恰恰相反，在哥本哈根大会之后，它反而立刻就变冷了，而且冷得出奇。据当时世界各国媒体的报道，这是一场几十年来从没有见到过的席卷北半球的严寒。于是，一场混乱就发生了。世界各国原来按照联合国的部署所安排的抗击变暖，立刻就被迫变成了抗击变冷。同时，这场横扫世界的空前严寒，也立刻激发出国内外气象界本来就存在的气候变化的大辩论。特别是国际上的气候科学界，本来就有人对 IPCC 的论断持有不同意见。现在就纷纷站出来批评起 IPCC 的错误论断，并提出自己与之不同的新理论，以同他们的论断相抗衡。按照当时国际媒体的报道，这场争论非常激烈，双方都坐不下来，冷静不下去。

5.2 我在继续战斗

在这个大背景下，我们自然也不会沉默。自 2007 年我不由自主地卷入这场争论以来，就一直对 IPCC 的这一套理论有看法。根据我们对气候周期性变化的理解，我们当时就认为这次全球变暖不可能是人类活动排放出来的二氧化碳作用的结果，而且就不可能持续不断地变暖一百年几百年。根据我们对气候周期性变化的认识，我们曾坚持地指出，至多三四十年，事情就会起变化，气候就会再度自行变冷。在气候这种冷暖交替的作用下，IPCC所发出的那种世界末日的警报，实际上不可能发生。于是在此时期，我就又先后写成以下五篇文章：

(1) 换一个角度看全球变暖——迎接联合国哥本哈根世界峰会；

(2) 究竟是要抗击变暖，还是要抗击变冷？——喜见全球变暖少数派正在壮大；

(3) 把全球变冷变暖之争引导到正常的学术讨论轨道上来——给联合国的一项建议；

(4) IPCC问题的政治方面；

(5) 气候变化的周期性，不确定性和气候预报。

5.3 四个分歧

至此，我们可以比较简要地总结一下我们和IPCC之间对这次全球变暖问题所存在的分歧，主要可归结为以下4点：

(1) 全球变暖的原因。IPCC认为此次变暖是由于人类活动排放出的二氧化碳剧增的结果；而我们却认为主要是由于大自然本身的气候冷暖交替周期性的自然增温过程。大自然的气候变化具有多尺度的周期性变化性质，这已有极为大量的研究工作无可辩驳地一再证明。其中有：朱珍华，1957 年；竺可桢，1973 年；李爱贞、李群，1998 年；丁一汇等人，2007 年；新疆研究人员，2007 年；钱维宏，2010 年；罗勇，2010 年等。

（2）全球变暖的持续时间。IPCC 认为此次变暖将持续不断地增温一百年甚至几百年；而我们却认为至多再过三四十年，气候就会再度自行冷却下来，从而进入一个新的气候变冷时期。这也是大自然气候变化的周期性所致。不管人类向大气排放出多少二氧化碳，也无法阻止这个新的气候变冷时期的到来。

（3）全球变暖的后果。IPCC 认为此次变暖将是超长期的，因此就将导致高山冰川和两极冰盖消融殆尽，海平面将因此而大幅上升，全球各大陆的沿海繁荣地带将被海水淹没，世界末日即将到来；而我们却认为气候变暖是好事不是坏事，只有气候变冷才是坏事，这已有我国几千年的文明史所一再证明。由于气候的冷暖交替，两极冰盖和高山冰川就不可能被消融殆尽，而是有消有涨，有退有进，从而维持一个动态的平衡，全球各大陆的沿海繁荣地带就可长期存在不可能被海水淹没。IPCC 所谓的“世界末日”根本不可能发生。它只是杞人忧天，颠倒黑白，蛊惑人心的胡言乱语而已。

（4）全球变暖的政治责任。IPCC 认为这主要应由世界上二氧化碳排放大国来负责，实际上他们认为我国已经成为世界上排放二氧化碳最大的国家，所以这个世界末日的责任主要应由我国来负。从而可以达到他们遏制我国经济的快速发展，并进而可达到遏制我国迅速崛起的目的。对此，我们已经予以坚决反对，并有力地揭露了他们这种图谋。我们指出，这种把大自然的变化，归结到我国经济发展的后果上来，是一种反科学、反历史的可笑而且可耻的阴谋，是不可能得逞的。另一方面，我们也同时指出由于我国确确实实存在着能源危机，所以我们也坚决支持在我国要大力开展节能减排的工作，但这与IPCC所谓的要抗击气候变暖危机的胡说无关。因此，我国就应该在不受外力的干扰和压迫下，自主地开展节能减排这项极为重要的工作，以为我国子孙后代的万年生活造福。

5.4 另一个动力

现在来谈这一时期我在这一问题上进行研究的另一动力。有一天，我的邮箱突然接到一位我从来不认识的青年朋友发来的E-mail，来信还附上一篇他自己写的长文，说是要向我请教。这位青年朋友就是小黄——黄伟夫同志。原来他对IPCC的二氧化碳变暖说做了相当全面、相当系统又相当透彻的研究，因而在他的长文里对IPCC的错误论断做了相当彻底的批判。他的这篇长文一共涉及到以下4个方面的问题：

(1) 二氧化碳究竟是不是主要的温室气体，它在气候变暖中究竟能起多大作用?

（2）这次全球变暖究竟会不会持续一百年，甚至几百年?

（3）气候变暖究竟会不会导致世界末日的来临?

（4）IPCC 所倡议的碳减排，碳交易之实质究竟是什么?

对小黄提出的这几个问题，有些是和我完全一致的，有些事情却是我并不很了解的，尤其是第一个问题。我原来对 IPCC 讲的二氧化碳并没有异议，比较自然地就接受了他们的说法。然而小黄却认为有问题，而且认为问题很大。他认为二氧化碳根本就不能算作是大气中主要的温室气体，他认为水汽才是。对此，我开始还有点不大相信小黄。说实话在这一点上，我对 IPCC 仍然有点迷信。我之所以相信他们的这一说法，是以为这完全是个 ABC 的问题，IPCC 的这些大专家们在这样的基本问题上不应该出现错误。然而，后来小黄向我介绍了由北京大学大气科学系盛裴轩等教授合著的，2003 年由北京大学出版社出版的《大气物理学》。那上面载有水汽和二氧化碳吸收光谱的比较。这幅图像清清楚楚地显示出水汽对红外光谱的吸收能力，要远比二氧化碳强，其在大气中的含量也远比二氧化碳在大气中的含量大。结论很明显，水汽才是大气中真正的主要温室气体，二氧化碳所能起的作用倒很小。很不幸，这个基本事实却为 IPCC 的大专家们有意无意地忽略掉了。这就使他们犯了一个更大的错误，也就是说他们在这个全球变暖问题的大前提上就错了。这样，IPCC就真是错到家了。应该说，他们这个错误确确实实误导了各国政府和人民，可真应该算是件极大的憾事！

我原来以为黄伟夫同志是位气象学界后起之秀，很可能是一位新毕业的气象学的博士，所以我很想知道他的导师是谁。后来才知道，他原来是学农的，是山东农业大学刚毕业的大学生，气象并不是他的本行。真是后生可畏！看来这位年轻朋友才华出众，前途不可限量，将来大有可为！正在此时，国际气候界的主流派向我们非主流派发起了一场声势浩大措辞严厉的反攻。于是我就建议黄伟夫同志把他的长文分解成四篇相对短一些的文章，以回击主流派对我们非主流派的反攻。四篇文章写好后，我把它们发给了我的一二百位E-mail朋友。反馈回来的信息很令人鼓舞，还有好多朋友建议我们把这些文章整理一下，争取把它们正式发表，以扩大影响。于是，我就邀请小黄把他的文章和我们已经发表的这方面的文字，合在一起正式出书。他愉快地接受了我的邀请，并且建议新书书名可采用IPCC自己的系列报告标题，从而可以命名为：《气候变化2010》。不过要加一个副标题即：《评IPCC二氧化碳变暖说》。这正是以子之矛攻子之盾！于是就这样，我们第一次正式地在广大读者面前，亮出了我们批判IPCC错误论断的旗帜。

5.5 反应还是很好

此书出版以后，反应很好。看过这本书的朋友们都说，我们这本书上面所讲的道理，比起 IPCC 讲的那一套更有说服力，更能令人信服。

最令人鼓舞的是，就在我们这本书出版后不久，我收到了北京大学大气科学系的钱维宏教授赠送的、他在 2011 年 1 月出版的又一部挑战 IPCC 谬论的新书：那就是由科学出版社出版的《天问：谁驱使了气候变化?》。钱维宏教授是我国新一代著名的气象学家，该书最后一部分收录了全国各大媒体对他采访的报道记录。这里边包括有中央电视台《面对面》栏目、中央电视台《气象疑云》栏目、凤凰电视台《世纪大讲堂》栏目；报刊则有《中国日报》、《科学时报》、《科技日报》、《羊城晚报》等。此外，据报道一些著名的网站也采访过钱教授，如新浪网、新华网等。我很高兴，我们并不是单兵作战。就在和我们同一个战壕里，非常幸运的是还有钱维宏教授这样的杰出人物在和我们并肩作战。很好，虽然我们的作战风格各有不同，这从我们各自使用的书名就可以看出。我们的书名是正面的批判 IPCC，而他的书名则是用质问方式标出，而且充满了诗意。他是以我国古代著名诗人屈原质问老天爷的方式写出他的书名；然后他又以同样的质问方式，在他的书名副题中列出了4个具体问题。其中，第一个问题就打中要害，即：全球变暖是人类活动造成的吗？看来，在气候变化问题上钱维宏教授是一位真正的专家，我只不过是客串，而且是一位退休老人的客串。从掌握实际数据方面看，他不仅掌握了国内的气候变化数据，而且也掌握了国外方面的数据；另一方面，他不仅掌握了气温变化的数据，而且极为重要的是，他还掌握了人类活动向大气排放二氧化碳的数据（这个二氧化碳的实际含量一般并不在气象部门正规观测的范围之内，虽然现在它已成为解决当前气候大辩论问题很关键的一个要素。而这个关键要素，现在已为钱维宏教授所掌握了）。这样，钱维宏教授就得到了在这场气候大辩论中一个极为重要的结果，那就是：在过去的一百年中，在年际和年代际的气温实际变化和人类活动排放出的二氧化碳的实际变化呈现出一种反相关的关系，亦即：当气温升高时，二氧化碳的排放量反而随即降低；反之，当气温降低时，二氧化碳排放量却因之而升高。钱维宏教授在这里接着就郑重指出：事实证明，正是气候变化驱动了人类活动排放出二氧化碳的变化，而不是相反。也就是说，人类活动排放出的二氧化碳并没有驱动气候变化。前不久在2012年6月份，钱维宏教授在他的由科学出版社出的一本最新著作：《中期-延伸期天气预报原理》之中的第二章“认识气候”里，他再次重申了这个在气候大辩论中极为重要的结论。当然还需指出，他这个结论仅适用于年际和年代际的两者变化之间的关系，而不能把它外推到百年际的变化。更长时期的两者变化之间的关系，钱维宏教授认为目前还不能确定，这是由于资料还不够的缘故。尽管如此，我国新一代著名的气象学家、北京大学大气科学系钱维宏教授的这个重要发现，和他的这个重要结论，却已经对IPCC的二氧化碳变暖说，给以一次非常巨大而且非常沉重的打击，IPCC的谬论现在已经岌岌可危了。

在此以后，我感到人们对IPCC的认识和评价，有明显的改观。一位朋友告诉我，现在相信IPCC那一套的人越来越少，而相信我们关于气候变暖是大自然周期性增温的一种表现理论的人却越来越多。而我国各大媒体也就不再那么卖力气地宣传IPCC的谬论了。这当然，主要的功劳应该归功于钱维宏教授的努力。另一方面，我觉得我的努力也是其中一个不可忽略的因素。鉴于此问题对于我国各个方面国家建设的重要性，我把我的小书向中央九常委每人赠送一本（实际上从上一本书《换一个角度看问题》开始，我就给他们每人送书），以供他们在决策时参考。此外，还送给实际负责处理全球变暖问题的国务院发展和改革委员会副主任谢振华先生，以及国务院应对气候变化司的司长苏伟先生每人一本。对这个司的集体还加送了五本，以供他们在处理此问题和世界各国打交道时参考。有一次，我在报纸上看到，谢振华先生在印度首都新德里参加一次应对全球变暖国际会议时对与会者说：所谓二氧化碳变暖说并不是已为科技界所公认的科学定论，事实上就还有不少科学家认为此次全球变暖只不过是大自然周期性增温的一个表现而已。显然，我感到他是收到了我送给他的书，而且已经看过，现在就把它拿来对付国际上的IPCC谬论的支持者来了。我们的努力并没有付诸东流。对此，我感到十分的欣慰。很好，我很幸运，这是我退休以来的又一次大收获。

（2012年8月21~25日写于南开园）

6 探索剑桥，探索“钱学森之问”

现在谈我在退休以后写的第四本书：《探索剑桥——试答钱学森之问》(2011，冶金工业出版社)。这也是由于有了第二本书《换一个角度看问题》才引起的。那是因为该书中讨论的“钱学森之问”，确实是大家所关注的问题。所以，在它出版以后朋友们的反应也很快，这就引发了更多的讨论。于是，在第三本书出版时间仅隔一年后，就又有了这第四本书的面世。

6.1 不同的意见

在《换一个角度看问题》那本书里，我对“钱学森之问”的初步答案是：由于我们对基础科学和应用基础科学领域实行了过多的行政干预，所以才会有此严重的后果。我并建议应以学术的办法推动学术界的发展来取代行政干预，这样才有可能培养出真正杰出的为世界公认的大科学家来。为此，我先后写了两篇文章。对于我这个观点，一位我中学时代的老同学马上就给我发来他的E-mail，表示了他的不同意见。他说我在那本书中讲了那么多的话，而他却只想用一句话来表达他的看法。在他的E-mail中他郑重指出：真正的原因是由于我们在学术自由的问题上存在缺陷，所以才会有“钱学森之问”的产生。这话讲得很好。“钱学森之问”本来是一个大问题，只有从多方面，从各个角度来探讨，才有可能得到最完美的答案。这位老同学的E-mail的确提到了一个关键问题，并且使我马上就想起了剑桥大学Batchelor教授在这个问题上讲过的一句很重要的话：Maximum freedom in the hands of good people!（给优秀的人才以最大限度的自由!)。于是，根据我在这位当代公认的国际流体力学大师的指导下，在20世纪80年代初工作几年后得来的体会，并以他的原话为题，写成了一篇谈剑桥的学术自由的文章。在这篇文章中，我从五个方面谈了剑桥所实行的学术自由政策。

6.2 实行剑桥式的学术自由政策五方面的分析

第一是实行学术自由的根据。

这有两方面的原因：一是由基础科学和应用基础科学研究的性质所决定。在这个领域中人们无法实行像“计划经济”那样的“计划科研”，来领导和推动这个领域的学术发展。用 Batchelor 教授的原话来说那就是：你可以发现一个新的规律，或发现一个新的现象，但是你不可能在事先就讲出你将会在什么时间，什么地方发现什么样的新规律，或什么样的新现象。这就是说，基础科学研究，和应用基础科学研究是不可规划不可计划的事。

再一个原因是：由于在这个领域中工作的人们思想都特别活跃，随时都会产生一些新的更有价值的思想。如果在这个领域中实行“计划科研”，就必定会束缚住他们的手脚，使他们无法及时地更换轨道，这就必然会对科学的发展造成障碍。当年，我在剑桥进修时，多分散悬浮粒子沉降的统计理论本来并不在我的工作日程上。我那时的工作目的是要突破 Smoluchowski 悬浮粒子对流碰并理论中的轨迹分析法，建立悬浮粒子对流碰并中的统计理论。然而，在 Batchelor 教授 1980 年第一次访华后回到了剑桥，当他看到我经过了一段时期的努力，已经第一次突破了难关，得到了悬浮粒子重力碰并统计对分布方程的外域解。他便敏锐地看出这个解再经过他两次近似，就可以帮助他完成他多年来想做而未能做成的多分散悬浮粒子沉降的统计理论。于是，他就果断地建议我暂停我当时手中的碰并理论工作，转到协助他来完成他这个沉降理论上来，虽然沉降并不是我们最初计划好的工作。后来的发展证明：Batchelor 教授所建议的那次转轨是多么的英明。我们这个多分散悬浮粒子沉降的统计理论由于它的重要性，后来便经常为胶体科学工作者所引用，而且还两次载入了国际胶体科学发展史册。一次是载入由美国三位著名的胶体科学家 Russel、Saville 和 Schowalter 撰写的《胶体分散系统》；另一次是载入了由欧洲著名的胶体科学家 Dhont 撰写的《胶体动力学导论》。前者开辟一专章，来向胶体科学工作者详尽地介绍我们这个理论。很明显，这正是给自然科学理论工作者以充分转轨的自由，发挥他们的创造性后，所能得到的一个重要成果。

鉴于上面谈到的两方面的原因，就必须在基础科学研究和应用基础科学研究领域中实行这种剑桥式的学术自由政策。

第二是实行学术自由的基础。

实行学术自由政策，要有个基础，这就是学术平等。在一个学术单位里，只有实现了学术平等，才有可能实现学术自由，使大家能够畅所欲言，充分发挥大家在这个领域中探讨大自然的积极性。所谓学术平等，也就是说在发现新的大自然的规律面前，在发现新的大自然的现象面前，人人平等。在这里绝不能承认什么人可以有特权，绝不能承认这里还有什么师生的区别，更不能承认这里还会有什么上下级的区别。一句话，这里不能承认什么人在发现新规律新现象问题上有人为的优先权。否则的话，就不会有什么学术自由可谈了。在这方面 Batchelor 教授倒没有直接说过什么话，但是从他的一言一行之中，你可以充分的体会到在他的心目中，在他这个系里搞科研的人是人人平等的。当我第一次来到剑桥和他第一次见面时，我称呼他为："Batchelor 教授！"然而他却很不高兴地纠正了我："不要这样称呼我，以后有话要和我谈时，请直呼我的名字'George！'就行了。"我回答他说："这怎么行！在我们国家，只有长辈叫晚辈时才能直呼其名。晚辈叫长辈若直呼其名是大不敬，要挨批评的！"他却不以为然坚持地说："那是在你们国家，这里是剑桥！在剑桥，要听我的。"我没有办法，只好照办了。后来我才发现，在剑桥他这个系里，人人皆如此。不管是人们在和他谈话或谈到他时，不管是老师和学生谈话或谈到某一位学生时，也不管是学生和老师谈话或谈到某一位老师时，都是直呼其名，从来没有人使用学衔或职衔来谈论一个人。而 Batchelor 教授更是以他的行动做出表率，进一步地表现出在他的系里，他和大家一样是个普通一员，绝不高高在上，事事时时都以平等方式待人。有一次在工间休息时，人们都来到系里的大饮茶室，一边休息喝咖啡，一边和同事们谈天。这时，Batchelor 教授也来了。但是，他来晚了，饮茶室里的座位都已坐满了人，他只好站在那里静静地端着他的咖啡喝着。很有意思的是：就在此时也没有人给他让座。过了一会儿，他发现了一位博士生也在那里坐着喝咖啡，他有事要和那位博士生谈一谈，于是他走到那位博士生面前和他交谈起来。在这种情况下，那位博士生居然还不让座，就在那里仍然是坐着和他谈话，这使我很惊讶。在谈话进行中，突然 Batchelor 教授想到要记一下什么事情。于是他就把他的咖啡放到小桌子上，一只腿跪下来，一边掏出一个小本子，记一些事情。就在此时，那位博士生竟然还不让座，他就那么坦然地看着 Batchelor 教授单腿跪在自己面前写东西。实在是太不可思议了！这种事在国内绝对不可能发生，而在剑桥 Batchelor 教授这里，却居然发生了。此事给我的印象非常深刻，以后就始终难以忘怀。这就是 Batchelor 教授的平民作风！在这种作风的带动下，确实在他这个系里就营造出一种人人平等，亲密无间的朋友式的氛围。大家都是在同一个战壕里的战友，很有利于共同作战，攻克难题。这就造成了一个坚固的基础，使得人们在这个系里可以充分地实现学术自由的政策，人人都可以畅所欲言，人们的创造性确实可以充分地发挥出来了。

第三是实行学术自由的措施。

这问题也有两个方面应该谈一下。一是不干预。在实行学术自由的政策时，自然在这种情况下一个人应该搞什么课题以及怎样搞法，就完全应由研究人员自己做主，领导则应完全放手，不要干预。在这个问题上 Batchelor 教授的原话是：这些人都是些很优秀的人，他们知道该做些什么，也知道该如何去做，用不着你操心。他并且还有一个很典型的例子，这就是他们系里面的 Huppert 老师。他说

Huppert 有一个很出色的工作，这就是他把流体力学中的双扩散理论（Double diffusion）引入到地质熔岩的流动问题中来，从而创造出一门新学科——地质流体力学。Batchelor 教授接着说，这个工作完全是 Huppert 自己的创造，而他作为系主任则完全没有给予任何帮助。

另一方面，在这种学术单位中，领导并不应无所作为，而是有事可干，有事应该干。这就是组织起制度化的、高频率、高水平的 Seminar 学术活动，来推动本单位的学术工作的发展。Batchelor 教授对此极为重视。在他们大饮茶室的墙壁上，挂着一个大布告牌，上面用大字写出这一周从周一到周五，每天从上午到下午这个系里重要的学术报告会的通告。有一次，Batchelor 指着这个大布告牌，对从我国来的中国科学院代表团说：如果在上课期间有哪一周这个布告牌是空白，没有一项重要的学术报告会要举行，那就是我的失职。由此可见，他对组织系里的学术活动是多么的重视，他是把组织学术活动当作他作为系主任的基本职责来承担的。事实上，这个系里的各级领导也都如此。他们必须有十分广阔的视野，他们必须时时关注有关本学科的本组、外组、本系、外系、本校、外校、本国、外国最新的进展，然后把对本学科做出重要的最新进展的有关人员请来给大家做报告。流体力学学科大组的负责人，主要任务就是组织在每周周五的下午流体力学大学科组的正式的学术报告会（Formal Seminar），而各课题小组的负责人，则负责组织自己课题小组每周一次的非正式的学术报告会（Informal Seminar）。这样，每个人每周就要参加两次学术报告会。忙得很！除此以外，在各自的办公室里，以及在系里的大饮茶室里的每天两次的工间休息也都给大家提供了非正式的讨论问题的机会。他们的图书室里倒很少看见有人在那里埋头看书，然而大家在各自的办公室里都在埋头工作，或是在进行人与人之间的学术讨论，这种事却时时处处可见。学术气氛之浓厚可见一斑。用Seminar学术活动来推动本单位学术工作的发展，确实比起我们以前在科学院时使用“计划科研”来推动学术工作要高明得多。通过Seminar的学术活动，它可以扩大研究人员的视野，帮助研究人员开拓研究思路，从而为本单位的学术研究提供了新的养料。另一方面，它也是了解本单位研究人员的工作是否努力、是否有成效、水平高低的一个最好的办法。比起我们过去在科学院的“制订计划，组织落实，检查评比，披红戴花，开庆功会”那一套，确实要高明很多，的确是件事半功倍的事。从一个单位Seminar活动的多少，频率的高低，也可看出一个学术单位学术水平的高低来。从剑桥回国前，我曾受邀到瑞士苏黎世理工大学流体力学研究所去做报告。在那里，我从他们的学术报告栏中了解到在他们那里，一学期的Formal Seminar活动只有四次，我的报告正是其中的一次。但是在剑桥Batchelor教授这里，一个学期的Formal Seminar活动却每周都有，总共一学期的

Formal Seminar 活动至少会多达十几次之多，差距之大实在可观。在学术空气如此浓厚的单位里，人们不可能不激发出新的思想火花，不可能不产生新的更有效的思路来。因而在这样的单位里，不断地产生出新的更为出色的成果，是件很容易理解的事。这个系在剑桥还是个很年轻的系，1959 年才由 Batchelor 教授创办，至今才有 50 多年的历史，规模也不大，只有 30 人。但是就在这短短的几十年里，就在这么一个小小的物理系，却已经培养出一位享誉全球的理论物理大师霍金教授，而 Batchelor 教授自己也成为 20 世纪下半叶国际公认的流体力学大师。当人们了解到他们的学术空气有这么浓厚，在这个规模不大、历史又不长的单位中能培养出如此杰出的人才，就确实不是件偶然的事了。当我完成了在 Batchelor 教授那里进修的工作回国时，他再三地嘱咐我要把他们那里的组织制度化的、高频率、高水平的 Seminar 学术活动经验，带回中国去。这对于一个搞科学研究的单位来说，真是一剂良药，至理名言啊！

第四是实行学术自由的限度。

Batchelor 教授讲“最大限度的学术自由”，显然在他那里自由不是绝对的，他从来不讲绝对的学术自由。那么，在他那里都有哪些限制呢？根据我在他们那里进修两年多的经验，我体会到 Batchelor 教授讲的学术自由有三点限制：

首先，在课题的研究范围上有所限制，你不能“为所欲为”。这一点，在他的系的名称上就体现出来了。他的系的名称为“应用数学和理论物理系”。显然，这就把社会科学方面的问题排除在外，同时也把化学方面的问题排除在外。此外，纯数学当然也就被排除在外。除此之外，他们的系就是海阔天空。他们的理论物理不仅包括现代物理，而且也包括经典物理。特别是力学，尤其是流体力学，这就把地球科学方面的问题，生命科学方面的问题也包括进来了。因此，人们在他这个系里，尽可以按照你个人的兴趣，充分地施展你的才能，创造出有声有色的新天地来。

其次，在他的这个系里，人们不能光搞科研，还必须承担教学任务，这是第二方面的限制。对于这个限制，Batchelor 教授并没有讲出什么道理。但是实践已经证明，这的确是有其内在的原因。例如，剑桥大学也有个只搞科研的天文研究所，然而在天体物理上做出极为出色的成果的人，恰恰是在 Batchelor 教授的这个系（此人就是霍金教授），而不是在那个研究所，这就很说明了问题。Batchelor 教授的这个系和那个研究所究竟有什么不同呢？最大的不同点就在于，在这个系里，人们不能只搞天文研究，他还得从事教学工作。对此，我个人的体会是：一个人如果只搞科研，他的思路就会越来越窄，越来越死，就不大可能创造出很好的成果。反之，如果他同时还承担教学任务，他就能保持和众多的青年学生接触，就能保持思路的开阔，同时他也就能保持雄厚的科研基础，最后就有可能创造出更加出色的成果。

第三点是：在他这个系里工作的人，不能只埋头于个人的研究工作，他还必须参加系里组织的 Seminar 学术活动。这个系为每一位人员都配有一个办公场所，两个人有一间办公室，包括访问学者。但是，他们并不实行坐班制，没有所谓迟到早退、请假旷工的问题，好像是一种很自由的坐班制，表面上看你来不来都没有关系，其实不然。有一次，Batchelor 教授找到我对我说：和你同来的那位年轻人，他好久没有到系里来了。我不知道他为什么不来，请你去问一问他。如果他对系里组织的活动不感兴趣，那我就准备把分配给他的办公桌收回，因为还有别人等着要用呢！我大吃一惊，忙去问那位年轻人，究竟是什么原因不来。那位年轻人听了以后也很吃惊。他说，他的导师出国了，所以他以为系里就没有别的事了。因此，他就没有再到系里来。他没有想到，导师不在，系里还有各种 Seminar 活动。更没有想到 Batchelor 教授对参加学术活动竟然是如此的重视。只好马上到 Batchelor 教授那里做了检讨，改正了错误，事情才算作罢。

第五是实行学术自由的对象。

在 Batchelor 教授那里，实行学术自由政策当然是有原则的。并不是随便什么人都可以享受到他的学术自由政策。用他的原话讲，他的学术自由仅仅给那些优秀的人。即：

“Good people!”但是，问题在于什么人才能算作是优秀的人呢？有一次我们问他，如何评价一个人？是根据他所发表的论文篇数？还是根据他的论文的质量？而论文的质量又应该如何看？是否应该看他发表在什么样的刊物上？（用现在的话来问，就是要看他有多少篇 SCI 论文？刊物的影响因子又有多大？等等。）然而，Batchelor 教授的回答却出人预料，他说：“我对你们所问的问题都不感兴趣。我所感兴趣的只有一点，那就是从这人所发表的论文中，能否看出他具有原创精神。只要有这样的精神，那就是位‘Good people’，而不管他有几篇论文，也不管它是发表在什么样的刊物上。”的确如此。这使我回想起当年 Batchelor 教授为什么能在众多的申请人中选中了我，接受了我对他的申请。用他的原话讲，他是看中了我在 60 年代，在云的微物理上所做的工作。那件工作的主要之点我已经在本书的第三章里讲过了。这工作就在国际上曾经经历了一场风波，经历了一反一正的考验，之后才获得了云物理界国际同行们的最终承认。就在这个时候，我来到了剑桥。有一天，流体力学学科大组的负责人 Hunt 教授找到我，要我给他们做一次 Formal Seminar 的一小时的学术报告，把我们这个云物理的工作给他们讲一讲。Hunt 教授并且提出，由于他们都不是从事云物理研究的人，所以在我的报告开始时，要用十分钟的时间，来给他们简要地讲一下云物理学的 ABC。给剑桥的朋友们做 Formal Seminar 的学术报告，是一件很光荣、很难得的事，但也是件令人很紧张的事。因为，Batchelor 教授手下有几员“大将”，他们的学术水平非常高，思想也相当敏锐，常常会给做报告的人提出一些难以回答的问题，使做报告的人下不来台。记得曾经有一位美籍学者应邀来到 Batchelor 教授这里，也给他们做一次 Formal Seminar 的正式学术报告。报告前他对 Batchelor 教授讲，我这次到你们这里来做报告，是把我的脑袋送到狮子嘴里边来了。报告后 Batchelor 教授对他说：怎么样？我们这头狮子还不是那么可怕吧！至于当时的我，倒没有那么紧张。因为，从国际著名的云物理学家 Mason 爵士等人对我们发难的历史看，我对我们这个理论还是抱有相当大的信心的。我感到 Batchelor 教授手下的几员大将不可能难倒我，他们不可能对我提出比 Mason 爵士提出来的问题更加难以回答的问题。于是，我就愉快地答应了下来。报告后却使我出乎预料，他们不但没有提出难题来质问我，反而报以热烈的掌声，这不是出于礼貌性的应付式的掌声，而是充满激情极为热烈的掌声。Batchelor 教授指出，这在统计理论方面也是一个创新。因为，从来的统计理论都是求取统计平均值，而我们这个理论却是求取小概率事件，确实是件了不起的创新之举。报告结束后，Batchelor 教授追到我的办公室里来，非常激动地用双手抱住我的双肩说：“Splendid！Splendid！”在英语词汇里，当人们要赞赏一个人时，常用的词汇是：“Good！”或“Very good！”或“Excellent！”然而，

Splendid是什么意思呢？当时的我还真不知道。等到Batchelor教授走了以后，我赶忙查了一下字典，这才知道它的意思是：辉煌的！壮丽的！Batchelor教授竟然使用了这么高级的词汇来称赞我，真使我有点受宠若惊了。看来，Batchelor教授选中了我，并没有选错。在他的眼里，我大概还可以算作一位Good people吧！虽然，我在云物理上的工作并不多，只有三篇，而且翻译成英文的却仅仅有这一篇。发表它的刊物是英文版的《中国科学》。这家刊物，虽然在国内是最高级的学术刊物，但是国际上对它评价并不高，其影响因子还不到1。在剑桥，他们也确实没有把它看成是很有价值的学术刊物。虽然，他们也订阅了它，但是，他们并没有把它放到他们的图书室里来供大家学习参考。他们只是把它放在了他们的大饮茶室里，供剑桥的朋友们在工间休息时随便翻阅一下而已。如果用我们现在流行的评价一个人的标准，我是不可能被Batchelor教授选中的。然而，Batchelor教授选人的标准，的确与众不同。他是看问题的实质，看此人是不是具有原创精神，而不会为一些表面现象所迷惑。

6.3 第四本书的其他内容和反响

以上就是我对剑桥实行的学术自由政策的理解。我把他们的经验介绍到国内来，很希望我们能借鉴他们的经验，也可以培养出众多的、真正杰出的、为世界公认的大师来。此后，又由于河南工业大学的刘广明老师发表的一篇博文《科学院的大学化和大学的科学院化》，我以 Batchelor 教授的看法写了一篇《为什么苏联式的科学院培养不出多少诺贝尔科学奖的得主和诺贝尔级的科学成果》。此外，应首都师范大学数学系青年教授王永晖之邀，我又到他们那里去介绍了 Batchelor 教授的治学方法；并由此写成了一篇《Batchelor 教授的治学思想——把物理思想注入到数学中去》。最后，我还把 Batchelor 教授等人的治学方向——不搞纯粹的基础科学，而专注于应用基础科学，又写成一篇文章——《基础科学中的剑桥方向》。凡此种种，再加上我们原来在第二本书中已经有了的几篇关于剑桥治学经验的文章，就形成了我退休后出版的第四本书——《探索剑桥——试答钱学森之问》。这本书并没有直接讨论为什么在我国会培养不出真正杰出的大科学家问题，而只是集中注意力于讲述剑桥的经验。我的想法是希望能借此找到解决“钱学森之问”的办法。解决“钱学森之问”是一件大事，很希望能借助这本小书为此事做出一点小小的贡献来。这本书出版以后，果然受到人们的关注。特别是一些青年朋友，他们纷纷给我发来他们的 E-mail。表示了他们对剑桥的向往，特别是剑桥所实行的学术自由政策。他们指出，在我国由于实行了院士权威制，院士们可以决定一切，分配一切，指挥一切，这就压制了青年们的创新精神和积极性，从而成为一个解决“钱学森之问”的主要障碍。鉴于此问题的重要性，我就又写出了新的一篇文章：《找到了解决“钱学森之问”的必由之路——彻底改革我国的院士制度》。此文将在下一章详述。

（2012年8月28日到9月17日写于南开园，
9月28日修改稿于南开园）

7 找到了解决“钱学森之问”的必由之路

——彻底改革我国的院士制度

7.1 顾海兵教授的首倡

对于我国现行的院士制度有必要进行一次彻底的改革，此问题最早是在九年前由中国人民大学顾海兵教授等三人提出的。在2003年，顾海兵教授等人在《学术界》双月刊（第102期，14～26页）上发表了题为《吸取发达国家经验教训，彻底改革我国院士制度》的论文。在该论文中，他们详尽地分析了美、英、德、日、法等发达国家对待各国优秀科技界专家的成功经验，以及俄罗斯科学院的教训，从而提出了向发达国家学习，改革我国现行的院士制度倡议。在此倡议中，他们提出了两种可行的改革对策：一是他们所谓的次优对策。在此对策中，人们可以保持现有的院士称号，但是要取消对他们的特殊待遇，取消他们的特权。二是他们提出的最佳对策，那就是要彻底取消院士称号，以英国皇家学会会员的例子为参照系，他们建议可改称院士为中国科学学会会员，中国工程学会会员等。

从顾海兵教授等人提出要彻底改革我国院士制度倡议以后到现在，时间已经过去了九年。实践证明，他们的倡议非但没有被时间磨平从而失去其意义，反而历久弥新，随着形势的不断发展，却越来越显示出他们的倡议对我国科学的发展所具有的意义，十分现实，而且十分重要。

7.2 其后的“钱学森之问”

在这九年当中，我国科学界发生了一件很有意义的事，那就是在2005年，我国已故著名的科学家钱学森老先生在他逝世前对温家宝总理提出的一个问题。他的问题是：为什么新中国建国60多年来我国还没有培养出一位为国际公认真正杰出的大科学家？他的这个问题揭示出我国建国以来在科学事业上的重大失误，因而是钱学森老先生在生前对我国科学事业最后一次的重要贡献。有鉴于钱老所提的问题的重要性，温总理把这个问题在报纸上公之于众，以动员我国有关各界共同来讨论：我国的科学界究竟存在什么严重问题，以致会产生钱老所指出的在科学事业上的重大失误。这样大家才能群策群力找出产生重大失误的关键所在，才能进一步集思广益地来解决这个重大问题。

当媒体按照中央的指示来讨论钱学森老先生所提出的问题时，报纸还根据钱老的问题，把它引申为以下三个更具体的问题：

(1) 为什么我国现在生产出的学术垃圾这么多?

(2) 为什么我国能出数学奥林匹克冠军，却出不来为世界公认的数学大师?

(3) 为什么我国到现在还出不来一位诺贝尔科学奖得主?

以上问题在报纸上公布后，在全国有关各界引发出一场热烈的讨论。这些问题被大家简称为“钱学森之问”。到目前为止，这场讨论还比较集中在我国教育界中存在的问题；对于我国科技界中所存在的问题，还涉及得比较少。然而，实际上科技界的问题却并不比教育界为少，相反是更大的。我们从前面讲的第二个问题就可看出：既然我国能培养出数学奥林匹克冠军，就说明我国的教育界还是有成绩的。问题的关键还在科技界，特别是基础科学和应用基础科学界。这才是我国培养不出来国际公认的数学等学科的学术大师和诺贝尔科学奖得主之主要原因所在。

温总理最近还着重指出：要使我国真正强大起来，主要还是要靠科技力量。显然，基础科学和应用基础科学的力量也应包含在其中。虽然，这一部分事业所涉及的人数比较少，但是朋友们已经指出，它所处的地位十分重要：因为它是具有战略性的事业。第一，只有它才是一个国家科学力量的真正代表。真正杰出的科学家主要应出在这个范围。第二，一旦在基础科学和应用基础科学战线上有所突破，就会给其他应用科学和工程技术部门带来实际的利益。因此，我们才集中力量主要研究了基础科学和应用基础科学事业方面的问题。在研究这个方面的问题时，我们又首先把注意力集中在讨论剑桥大学培养大科学家的成功经验。剑桥大学是世界科学的一块圣地。在那里曾经培养出现代科学的三大巨人：牛顿、麦克斯韦尔和卢瑟福。牛顿以他的经典力学，麦克斯韦尔以他的经典电磁理论，卢瑟福以他的原子模型，都曾为人类科学和社会的发展做出了彪炳史册的伟大贡献。进入 20 世纪后，剑桥大学又能以培养出众多的诺贝尔科学奖得主，和众多的创造出诺贝尔级科学成果的大科学家著称于世。几百年来，她始终都能在世界基础科学和应用基础科学事业中雄踞领先地位，长盛不衰，堪称是世界科学史上的一个奇迹。因此，探索剑桥培养真正杰出的大科学家的成功经验，认真地向剑桥大学学习，应该是解决“钱学森之问”的一条康庄大道。经过了对以上这些问题的一番探讨，最后在 2011 年 10 月才终于诞生了我那本小书——《探索剑桥——试答钱学森之问》(2011 年，冶金工业出版社)。

7.3 一位亚马逊网站的网友的短评

前节讲的我这本小书出版以后，在短短的八九个月中它已经得到了不少好评。在所有这本书的读者的好评中，有一个评论值得特别注意，那就是发表在亚马逊网站上一位没有署名的网友的短评。他说："这是基础研究中的一本好书。作者具有科学院和大学两方面的背景，对基础研究有深刻的体会，对如何搞好基础研究有独到的见解。值得大家仔细地阅读、品味及试点。"以上整个短评的口气，很像是一位领导的口气，尤其是其中最后的"试点"二字很值得注意。我觉得这不是一般读者的用语。只有在某一方面握有实权的领导才能讲出这样的话。显然，在这位领导看来，对此书的评价，已不是一般的写个评语的问题，而是要在他管辖的范围之内付诸实践，贯彻实施。回想去年10月此书出版时，我确实曾给一些领导寄过此书。其中，有中央政治局常委九位领导人每人一本；还有中国科学院、国家科技部、国家教育部三大系统的党政负责人每人一本。如果，那位写短评的网友确实是以上各位领导中的一位，从而使此书所介绍的剑桥大学培养大科学家的经验，通过试点最终能移植到我们伟大祖国的土地上来，并且最后促使我国能够培养出众多的真正为世界公认杰出的大科学家，那当然是件值得庆幸并使我感到莫大欣慰之事。

另一方面也还存在另一种可能，亦即：那位网友并不是一位真正的领导，他只不过是模仿某一位领导的口气，来表达他自己的愿望而已。对此，我仍然感到庆幸和高兴。知道在本书的读者之中，有朋友希望此书能具有重要的实际意义。也就是说，他们希望此书所介绍的剑桥经验最终能在中国变为现实，开花结果，这仍然是件令人十分欣慰的事。

当然也有不同的意见，例如一位朋友给我发来 E-mail 指出：产生“钱学森之问”的主要原因是政治上的问题，并不是学术上的问题。我回答说：我同意你的意见。但是学术上的问题也不可忽视。我接着对他说：“世界上民主国家不少，但剑桥却只有一个。所以剑桥大学培养大科学家的成功经验还是很值得人们深入探讨借鉴。”还有朋友给我发来 E-mail，同样指出制度问题的严重性。他说：在现行这种体制下，难以产生真正杰出的大科学家。我很同意这位朋友的意见。然而，改革开放以后，此问题已有很大程度的改善。但是，这并不等于产生“钱学森之问”的所有根源就会自行消失。事实上，还有许多确实存在的严重问题需要人们注意加以解决，这才能够使得产生“钱学森之问”的所有根源彻底消除。

前些时候，深圳的南方科技大学校长朱清时先生提出：大学要去行政化，要搞教授治校。这个口号很好，很及时。但是，教授治校却仍然有个要采用什么方法去治校的问题。实际上，现在各个大学的校长早已是教授们在担当了。然而，在这些教授们管理之下的大学，却仍然产生了朱清时校长所指出的行政化问题。可见，如果不是采用我们在这本小书中提出来的用学术的办法来推动学术发展，那就很可能新瓶装旧酒，还是会走行政化的老路。

7.4 剑桥大学培养大科学家的四条经验

采用学术的办法来推动学术发展，并非易事。从我这本小书所总结出来的剑桥经验可以看出，这些经验一共有四条：

（1）要有学术自由；

（2）要有学术平等；

（3）要有制度化、高频率、高水平的 Seminar 学术活动；

（4）要以是否有原创精神作为评价人和选拔人的唯一标准。

7.5 首要一条是要有学术平等

在以上剑桥大学培养大科学家的四条经验中，我以为最重要的是其中的第二条：要有学术平等。因为，没有学术上的平等，就不可能有真正学术上的自由。没有学术上的平等和学术上的自由，一切 Seminar 学术活动就会流于形式，不可能从中产生推动学术发展的真正成果。而恰恰在这一点上，我国现行的科研体制和科研政策存在严重问题。最近，一些年轻朋友给我发来了 E-mail。这是他们在读过我这本小书后写的读后感。他们说：我国现在的科研体制是院士权威制，而不是像剑桥大学那样的学术自由和学术平等制。在这种体制中，院士们具有很高的权威，他们被赋予种种“特权”，从而能够在科研领域中决定一切，分配一切，指挥一切。这就压制了一般人特别是年轻人的原创精神和积极性，阻碍了一般人特别是年轻人创新精神的发挥。很明显，这种院士权威制已经成为阻碍我国科学发展的一大障碍，必须加以消除。

你怎么能期望在这样的院士们的引领之下，又怎么能会有一般人特别是年轻人真正的学术平等和学术自由?!在这样的权威们的引领之下，一切学术活动又怎么不会流于走形式的下场?！更有甚者，从“钱学森之问”马上就可以自然而然地得出一个颠扑不破的论断：那就是这些被人们奉为权威的院士们，实际上他们并不都是真正杰出的大科学家。那么，在他们的统治之下，又怎么能期望他们会实行像剑桥那样的有益于造就真正杰出的大科学家的制度?!

7.6 学习剑桥经验改革我国院士制度的三项建议

由此可见，为要把剑桥大学培养大科学家的经验顺利地移植到我们伟大祖国的土地上，首要的大事，就是要回到九年前顾海兵教授等人所提出来的倡议：要对我国现有的院士制度做一次彻底改革。为此，我们选择了顾海兵教授所建议的第一条次优对策。具体地讲，我们建议采取以下三项措施：

（1）要废除现行的院士权威制；

（2）要取消院士们的一切“特权”；

（3）要和国际接轨，把院士称号还原为简单的一个荣誉称号。

实行了这三项改革措施后，才有可能为落实剑桥大学培养大科学家的三条经验扫清道路，才能进一步把剑桥的这些经验移植到我们伟大祖国的土地上来。否则，我们就仍然难以培养出真正杰出的大科学家，我国的科学事业就仍然没有希望。

在结束本文之前，还要对以上院士制度改革中的第三条做一点说明。

我们讲要取消院士的“特权”，要废除院士权威制，并不是要取消院士称号本身。我们只是要使他们和国际真正接轨。30 多年前，那时我还在中国科学院安徽光学精密机械研究所工作。时值改革开放之初，我和科学院的一些朋友们有幸按照当时中国科学院和英国皇家学会达成的协议来到剑桥大学进修。我们很快便发现一个令人惊异的事：那里的权威们比起我们中国科学院各个研究所的权威却更加平易近人，更加没有架子。虽然比起我们这里的权威而言，剑桥的权威们才是真正的权威。他们不仅是英国的院士（F. R. S. 直译为“英国皇家学会会员”，意译应为“英国皇家学会院士”），而且大都是在各自的学科领域中做出了突破性的重大成果，因而享誉全球成为该学科国际公认的学术大师。然而，剑桥这些真正杰出的大人物，当我们和他们相处时，却并没有使我们感到他们之“大”。其原因就在于英国并没有给这些大权威们以种种特权，这样在剑桥才可以实行学术上的平等制。于是就保证了在剑桥的年轻人不受压制，才保证了在剑桥的年轻人有充分的学术自由，他们的才能才可以充分地发挥，杰出的大科学家才可以一代一代地不断涌现。这正是几百年来剑桥在基础科学领域能够做到始终雄居领先地位、长盛不衰的秘密所在。我们讲要和国际接轨，就是要和像剑桥这样的大学接轨，使我国的院士们也和剑桥的院士们一样没有特权，从而也就可以使我国的大学也可以实行像剑桥那样的学术上的平等制。于是，我国一代一代年轻人的才能才可以充分地发挥出来，才有可能成长为国际公认的真正杰出的大科学家，最终也就会和剑桥一样，使我国的基础科学和应用基础科学事业做到位居国际前列，长盛不衰，在世界上享有一席之地。我们深切地期望，这个理想的美好愿景，能够在我们伟大祖国的土地上早日实现！

7.7 积极的反馈很令人鼓舞

本文的初稿完成后，曾发表在科学网我的博客上。此外还曾发给我的许多 E-mail 朋友。反馈回来的信息很令人鼓舞。一些朋友们说，他们高举双手赞成我那改革我国院士制度的倡议。甚至有位院士朋友也表示了支持。他说："本文的论证比较客观，比较公正。"他还进一步地说："院士的评选和院士的工作制度确实存在弊端，应该改进。"当然，也有不同的意见。例如，另一位院士朋友则对我说："自由和平等是整个社会的问题，你现在仅仅要求学术界实行学术自由和学术平等是不可能实现的一件事。"对此，我进一步地表示了我的看法。我说，当年"计划经济"曾经被认为是整个社会主义社会的固有特征。而"市场经济"则被认为仅仅是资本主义社会所固有。但是，改革开放几十年的实践却证明了，即使是在社会主义社会也能在经济领域实行"市场经济"。所以事在人为，我以为在社会主义社会的科学研究领域，也并不一定非要实行"计划科研"不可。代之以"计划科研"的办法，在社会主义社会中的基础科学研究和应用基础科学研究领域，实行剑桥式的那种学术自由和学术平等的政策也不是不可想象的事。此外，还有位网友说，学术自由和学术平等喊了多少年也没能实现，你现在再喊一下又有什么用。对此，我也表示了我的不同看法。我说，现在再喊这个口号，是因为事情有了新的发展。这就是：现在有了“钱学森之问”，而过去没有。而“钱学森之问”是我国科学研究领域中一个重大的问题；这是得到了中央的认可并在报纸上公布的，希望能够动员全国有关各界人士起来，群策群力找出产生“钱学森之问”的根源，从而能够圆满地解决这一严重问题。只要有关部门同样真正下决心来解决这个问题，把彻底改革我国院士制度的工作提到日程上来，那么实行剑桥式的学术自由和学术平等政策还是有希望的，我对此还是抱有信心。

总而言之，我现在能有了“以彻底改革我国院士制度来解决‘钱学森之问’”这个新的认识，是我九年前刚刚退下来的时候所不可能想到的。这正是我退下来以后的又一大收获。九年来的退休生活并没有虚度，对此我感到莫大的欣慰和由衷的高兴。

（2012 年 7 月 1 日初稿，9 月 27 日修改稿于南开园）

8 简短的结束语

——要怎样才会有退休之乐

我在第一篇“楔子”中曾经谈到，做一个“五好”和“四有”老人就会有退休之乐，而且是人生之大乐。现在，经过回顾这九年退休生活的历程之后，我感到还可以再把它精炼一下，把它精炼成两条：一要以休闲方式做自己喜欢做的事；二要知足。

有了这两条，就会有退休之乐，而且必定是人生之大乐也。

上面这两条只适用于退休老人，而绝不能把它推广到青年朋友们中去。对于青年朋友，我感到应该有另外两条：一要以拼搏奋斗方式去做那些有意义的事；二要进取。

做到了这两条，青年朋友们才会有光明前途，国家才会发达兴旺。等到你们老了，退下来了，再去做退休老人的那两条，就会有退休之乐，而且也必定是人生之大乐也。

以上的两个两条，不知朋友们以为如何？欢迎批评指正，欢迎不吝赐教，谢谢。

（2012 年 9 月 19 日写于南开园）